主　编：李金莉

高聪蕊

副主编：严　浩

臧　锐

书籍设计

BOOK DESIGN

高等院校设计学精品课程规划教材

江苏凤凰美术出版社

图书在版编目（CIP）数据

书籍设计 / 李金莉，高聪蕊主编. -- 南京：江苏
凤凰美术出版社，2013.8（2017.12重印）

ISBN 978-7-5344-6478-2

Ⅰ.①书… Ⅱ.①李… ②高… Ⅲ.①书籍装帧—设
计 Ⅳ.①TS881

中国版本图书馆CIP数据核字（2013）第176352号

责任编辑　方立松
装帧设计　曲闵民
责任监印　殷　莉

书　　名　书籍设计
主　　编　李金莉　高聪蕊
出版发行　江苏凤凰美术出版社（南京市中央路165号　邮编：210009）
出版社网址　http://www.jsmscbs.com.cn
制　　版　江苏凤凰制版有限公司
印　　刷　南京精艺印刷有限公司
开　　本　787 mm × 1092 mm　1/16
印　　张　8
字　　数　200千字
版　　次　2013年8月第1版　2017年12月第3次印刷
标准书号　ISBN 978-7-5344-6478-2
定　　价　48.00元

营销部电话　025-68155790　营销部地址　南京市中央路165号
江苏凤凰美术出版社图书凡印装错误可向承印厂调换
（本书相关资料扫描封底微信号可查）

前言

当代社会，书籍的物质载体与形态不断进步提高，大量优秀书籍设计的涌现让人为之惊艳。随着文化科学技术的发展，书籍设计将朝着多元化的方向发展，具有广阔的前景。

书籍设计承载传播文化内涵，满足读者审美需要的使命。它将司空见惯的文字、图形、色彩融入新颖的形式和理性的秩序中；从外观的开本到内文的版心、从天头地脚到五觉（视觉、味觉、听觉、嗅觉、触觉），从书籍的内容到精神的愉悦满足，无不全方位地需要进行设计的想象与创意。她用特有的"身体"——开本、纸张、印刷、封面、版式、字体、色彩、图形来传情达意，引导人们走近书籍，进行心与心的交流，使人们在不经意之间感受有限的书籍空间中无限意蕴的大智慧，潜移默化中提高审美意识。

本书概述了中国书籍艺术的历史起源与发展，总结了书籍艺术的特征与属性、基本规律、形态构成；分析了书籍设计的构成元素，结合印刷工艺与版式设计原理和插图设计，以及书籍整体设计的创作实践来进行讲授与综合训练。本书图文并茂，言之有物，特别注重对国内外优秀设计师作品的学习，并把握课题内容的真实性及学生的设计实践能力。

书籍设计课程一般设置为80学时，以理论教学和实践教学相结合的形式展开。其中理论教学主要是书籍设计的基础性知识介绍，实践教学主要包括实践调研、设计构思、草图创作、设计制作。部分内容主要体现在课后训练中，用以拓展学生视野，提高创新设计实践能力。

书籍设计推荐授课框架如下表：

内容框架	内容及推荐学时
书籍设计之基础	介绍书籍设计概念、书籍设计的发展及设计形式。通过基础知识的介绍，使得在学习过程中了解书籍设计的全貌，注重继承传统，同时努力创新。（2学时理论教学、2学时实践调研）
书籍设计之工艺	介绍书籍设计的主要载体——纸张，纸张与开本，常见印刷工艺及装订形式。（4学时理论教学、4学时实践考察）
书籍设计之构成	介绍书籍设计传统的构成要素，通过外部和内部两个方面介绍，并在各个部分详细介绍设计制作的规范及要求，并希望能在传统中加以创新和改进。（4学时理论教学、8学时单元训练、2学时实践调研）
书籍设计之版式	介绍书籍设计的版式构成元素。在图形、文字、色彩三个元素的基础上，探讨版式设计的风格及现代创新的版式设计，凸显书籍设计的中心思想。（4学时理论教学、2学时实践调研、4学时单元训练）
书籍设计之插图	介绍书籍设计中插图的表现。插图是根据书籍的主要内容进行创意表达的视觉形式，更容易使得书籍设计的内容被读者理解，渲染良好的阅读环境。（4学时理论教学、8学时单元训练）
书籍设计之实践	通过案例式讲解书籍设计的原则、程序，直观地展示书籍设计的实践过程。（2学时理论教学、8学时构思表达训练、16学时设计制作）

内容框架	内容及推荐学时
书籍设计之案例	介绍书籍设计的优秀国内外前沿作品，通过案例展示，使得学生能了解书籍设计的国际形势，开拓眼界，勇于创新。 （6学时理论教学，也可在上述章节中理论知识讲解中介绍）

　　书籍设计这本书是多年教学经验的结合体，也集合国内外较先进的书籍设计理念和设计案例进行探讨。但仓促中仍有很多不足，特别是有部分优秀作品未能及时联系到作者，敬请见谅。并希望广大读者多提宝贵建议，以便于在今后的书籍设计教学中及时改进。

李金莉

二〇一三年五月于武汉南湖

目录 ▪▪
CONTENTS

第4章 ● 书籍设计之版式 49

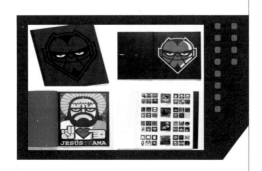

第5章 ● 书籍设计之插图 75

第1章
书籍设计之基础

▪ 学习目标

　　了解书籍设计的概念，掌握现代书籍设计的起源及发展，明确书籍设计的原理。在学习的过程中，要能够结合文字及图形语言的发展历史有针对性地进行多方面的资料收集，从而为深入学习书籍设计积累素材。

▪ 重难点

　　将书籍设计的传统概念及发展形式等渗透到今后的设计实践中，并加以传承和创新。

▪ 训练要求

　　收集查阅文献资料，充分了解中国古代书籍设计形式的发展及形态构成规律，博大精深的中国传统文化是学习现代书籍设计的基石。

1.1　书籍设计概念

　　书籍是记录人类文明的载体，是人类智慧的结晶以及文化传承的重要手段。它主要借助文字、符号、图形，记载了人类思想情感、文明发展的阶段以及历史演变的进程。

　　书籍设计的主要目的是为了增强阅读者的兴趣。一个优秀的设计师不光要考虑书籍设计的形式美感、书籍本身的文化内涵与现代设计理念的相互融合，而且还要考虑到如何挖掘和创新未来引领大众对美的需求，从而吸引读者阅读、购买、收藏的欲望。

1.2　书籍设计缘起

　　原始社会古人就以结绳记事来传达信息，被视为早期的书籍形式。殷商时期出现了刻在龟甲及兽骨上的象形文字，被称为甲骨文。到商代后期，随着生产力水平的发展出现了青铜铭文，记录了我国古代相关历史信息。西周后期"简策"的出现是书籍最具代表性的形式，常与之相提并论的还有"木牍"。略晚些出现的帛书则因材料成本的昂贵而较少使用及保存。

图1-1-1　常见现代书籍

图1-1-2　书籍《金色地带》

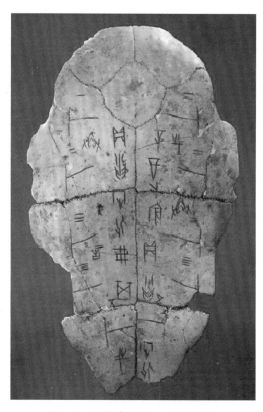

图1-2-1　兽骨刻字——龟甲骨文

图1-2-2 湖南安阳出土的商代牛骨刻辞

图1-2-4 竹片刻字——竹简

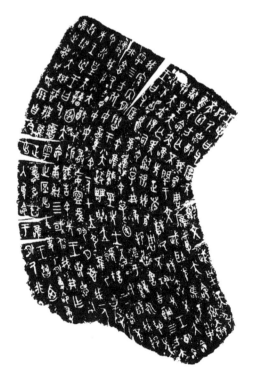

图1-2-3 金属刻字——青铜器上的毛公鼎铭文

图1-2-5 木片刻字——木牍

造纸术的发明是书籍材料的伟大变革，推动了人类文明的发展，具有划时代的意义。而印刷术的发明更是标志着书籍出版进入了一个新的时期，促进了书籍装帧形式的多元化发展。

西方书籍设计依赖铅字活版印刷的发明而真正兴起，而工业革命的到来也给书籍设计带来前所未有的繁荣发展。现代书籍设计艺术代表人物威廉·莫里斯倡导的"手工艺复兴运动"影响了书籍艺术的发展，他被西方人称为"现代书籍艺术之父"。

随着科学技术的发展，特别是电脑技术的运用无疑是给当代书籍设计带来了新的生命。它取代了原有书籍设计手工排版制作的方式，采用了在电脑屏幕上编辑的模式。设计师只需通过对键盘鼠标的控制，就可以随心所欲地进行创作和想象。由于电脑的普及和设计软件的不断完善，当代书籍设计在造型和材料上有了新的突破，使读者体验到了新的审美情趣。

1.2.1　书籍承载文明

书籍是人类文明进步的阶梯，它是记录人类生产、生活、历史发展和知识传播的工具。它所承载的信息和精神文化在整个人类历史发展的过程中起着重要的作用，并在不同的历史时期，不同国家、民族和地域，赋予了不同的形态，体现了其社会现状、文化背景、科学技术和审美情趣的需求。

在当代全球一体化形式下，信息技术、多媒体技术和网路技术的兴起，无疑是给传统阅读方式带来冲击。但纸质书籍不可能全部消亡，它只会转变成另一种方式存在。因为纸质书籍见证了人类太多的文明和历史的记忆，体现了人类对书籍的太多思想情感。这就是我们现在为什么还有许多艺术家还在研究书籍设计，并把书籍设计作为一件艺术品展现在广大读者面前的根本原因。

1.2.2　中国传统书籍设计形式

中国古代四大发明中的造纸和印刷术的发明，无疑是对我国书籍设计和变革起了重要的作用。随着印刷工艺和材料的不断改进，我国书籍设计体系不断进步，促使了当时书籍设计形式的多元化发展。这些书籍设计的样式也就形成了我国传统书籍设计的主要形式。其主要形式有：

（1）简策——最早的装订样式

简策：它是把竹片加工成统一规格，然后在竹片上书写文字，这就是"简"。而"策"就是以绳结把竹片连接在一起成"册"，常称为"简策"。简策是我国最早书籍的装订样式，从商周时期一直延续到东汉，直到纸质书的出现方被取代。

图1-2-6　简册

（2）卷轴装——应用最久的装订样式

卷轴：源于帛书，是丝织品的统称。它依据不同材质的丝织物分为绢、锦、缯、绣等不同种类。帛书在书写完成以后，用木棒为轴从左向右卷起形成一束，于是就形成了卷轴。帛书由于材料昂贵，不利于广泛使用。

东汉蔡伦于公元105年发明了造纸术，由于其造价低廉，方便使用被迅速广泛使用，弥补了帛与简的不足。从那时起书籍开始一律用纸，但依旧采用帛书的卷轴形式。其制作方式是将写有文章的纸末端相互连接，依次粘连在长卷之上，并将卷首"裱"在丝织品上，再以丝带把卷轴捆扎起来，并以牙签固定。随着私人著作的盛行，书籍装帧形式越来越考究，并在轴、卷、带的材质和装饰形式上也出现了变化。卷轴装的纸书是应用最久的书籍形态，从东汉一直沿用到宋初。

图1-2-8 卷轴

（3）经折装和旋风装——卷轴向册页发展的过渡阶段

经折装：它始于唐代后期，是卷轴向册页过渡的形式，首先用于佛经的一种装订形式。佛家弟子为了阅读方便，将长卷经书左右连续折叠起来，形成长方形的一叠，并将首尾粘在厚纸板上，裱上织物或者色纸，作为封面和封底。所以古人把折子称为"经折"，其装帧形式被称作"经折装"。

旋风装：它是由卷轴装演变而来，也是经折装的变形产物。它用一张长纸做底，首页全部粘在底上，从第二页开始依次将无字处用纸条粘连在底上。书页犹如鱼鳞状，阅读时可连续翻阅，循环往复不会间断。这种装订形式其外部与卷轴无异，其内部书页犹如自然界的旋风，而展开看来书页排列有序犹如龙鳞，故又被称作"龙鳞装"。

图1-2-7 帛书

（4）蝴蝶装——最早册页样式

蝴蝶装：起于唐末五代，兴于宋朝，衰于元代。它是由经折装演变而来，将书页沿中缝把印有文字的一页朝里对折，再以中缝为准对齐，把所有页码对齐后，将折缝处用糨糊粘在另一包背纸上，最后裁齐成书。书籍在翻阅时犹如蝴蝶展翅，故得名为"蝴蝶装"。这种装帧形式有效地避免了经折和旋风装书籍折叠处容易破损的情况，从而也得到了当时读者的喜爱。

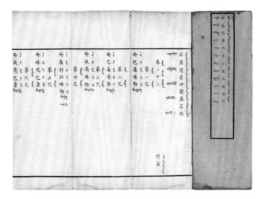

图1-2-9　经折装

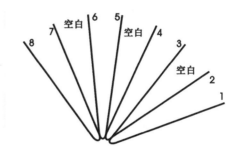

图1-2-12　蝴蝶装书籍示意图

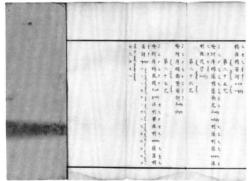

图1-2-10　旋风装

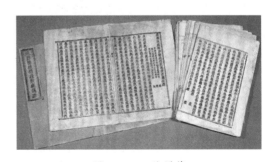

图1-2-13　蝴蝶装

图1-2-11　旋风装

（5）包背装——宋末元初出现的装帧样式

包背装：它是由蝴蝶装的形式演变而来，与其主要区别就是对折页的文字面向外，单口向里，背向相对。其装订方法是对齐折页，在版心内侧余幅右侧打眼，用纸捻穿起并固定裁齐。最后用一张厚纸粘住书背，从封面包到书脊和封底，然后裁齐余边装订成册。这种装订方式可逐页阅读不会间断，避免了蝴蝶装的缺点，并接近现代平装书籍的样式。

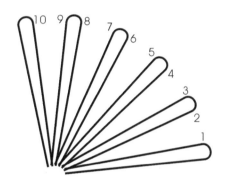

图1-2-14 包背装书籍示意图

图1-2-15 包背装《夹缬》

（6）梵夹装——中国古代纸本书籍唯一借鉴的外国书籍装帧形式。

起源于古印度佛教经典贝叶经的装帧形式，它是将修长硕大的贝多树叶裁成长方形并晾干，将写好经文的贝叶依序排好，用两块经过刮削加工的竹板或木板将经叶上下夹住，然后连板带经穿一个或两个洞，穿绳绕捆。梵夹装的传入，改变了中国千年来展开阅读的方式，促进了中国纸本书籍装帧形式由卷轴向册页的演变。

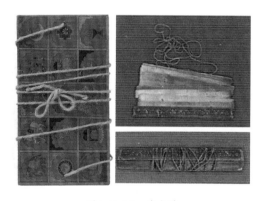

图1-2-16 梵夹装

（7）线装——明代中叶流行的样式

线装：它不同于包背装，它是将封面和封底分开，不包书脊，并用刀将上下及书脊裁齐，再在书脊处打孔，用线穿起订成册。线装书因为要打孔穿线，我们一般把它分为四眼、六眼和八眼订法。较为考究的还用丝织品包角，用以保护订口和上下书角，使其坚固美观。线装是我国传统书籍装订技术中最先进的一种，也是我古代书籍装帧技术发展最具代表性的阶段。

图1-2-17　线装书籍示意图

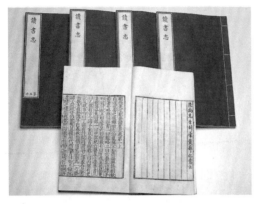

图1-2-18　线装书《读书志》

图1-2-19　线装书《倦舫法帖》

课后训练

① 如何理解中国书籍设计的基本形式？你得到哪些启发？

② 比较中西方不同的书籍设计形式，并写出心得体会，不少于500字。

拓展阅读

① 学习网站：

http://idea.chndesign.com/

http://www.dofoto.net/pack/

② 阅读书籍：

《吕敬人书籍设计教程》湖北美术出版社

《菊地信义装帧艺术》中国青年出版社

第2章
书籍设计之工艺

▪ 学习目标

　　了解纸张与开本的关系及开本的选择因素，掌握书籍设计的相关印刷工艺的基本常识，如何根据需要选择适合的相关工艺与制作，明确书籍的装订形式。

▪ 重难点

　　在了解纸张及开本的基础上，能综合运用纸材的质地特点，结合书籍的具体内容要求，选定特定的纸材或者其他的承载物作为印制媒体，同时将传统的印刷工艺加以传承和应用，更好地拓展书籍设计的印刷形式和承载物，创造性地展示书籍内容。

▪ 训练要求

　　收集相关纸张材料及常用开本形式并进行分析，结合电脑软件体会书籍印刷工艺的相关步骤，明确印刷原理和后期加工装订形式。

2.1 纸张与开本

2.1.1 纸张

纸张是书籍的最基本材料,我们把一张按国家标准分切好的原纸称为全开纸。由各种植物纤维原料经化学方法和机械方法处理后而得的纤维状物质即为纸浆。纸浆经过漂白、洗涤、染色等程序再加上其他原料根据成品的不同需要进行调配,或加强纸张的韧性,或增加纸张的不透明度、重量和色泽等,从而制造出不同要求的纸张。如新闻纸、书写纸、胶片纸等。

印刷用纸:纸张分类很多,一般分为涂布纸和非涂布纸。涂布纸一般包括铜版纸和哑粉纸,多用于彩色印刷。非涂布纸一般指胶版纸、新闻纸,多用于信封、信纸、报纸的印刷。印刷常用纸包括新闻纸、书写纸、双胶纸、铜版纸、白板纸、哑光铜版纸等。

纸张重量:即纸张的厚度,以定量和令重表示。定量又称克重,就是纸张每平方米的重量,以克/平方米(g/m^2)表示。令重表示每令纸张(500张)的总重量。

除此之外,还有些常用纸张:硫酸纸(植物羊皮纸),呈半透明状,纸页的气少,纸质坚韧、紧密,广泛地用于高级地图、画册、高档书刊等的印刷,书籍的环衬(或衬纸)、扉页等。压纹纸是专门生产的一种封面装饰用纸,纸的表面有一种不十分明显的花纹,颜色分灰、绿、米黄和粉红等色,一般用来印刷单色封面。压纹纸性脆,装订时书脊容易断裂。印刷时纸张弯曲度较大,进纸困难,影响印刷效率。蒙肯纸儒雅飘逸,富有书卷气质且手

感极佳,印刷出的书刊、画册重量轻,颜色自然,纸张表面细腻光滑,使用寿命长且环保,使人感觉亲切温和。

图2-1-1 工厂存纸

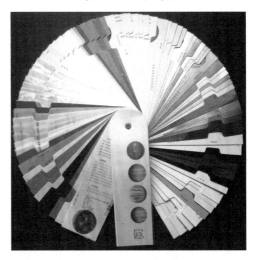

图2-1-2 印刷纸样

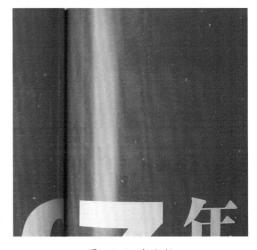

图2-1-3 铜版纸

图2-1-4 牛皮纸

图2-1-7 瓦楞纸

图2-1-5 特种纸

图2-1-8 哑粉纸

图2-1-6 布纹纸

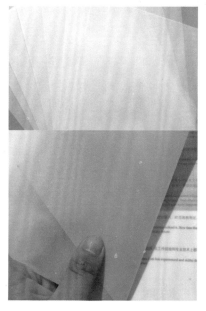

图2-1-9 硫酸纸

图2-1-10 蒙肯纸

图2-1-11 卡纸

2.1.2 开本

将一张全开印刷用纸开切成幅面相等的若干张纸的张数称为开本数,开本设计则是指书籍开数幅面形态的设计。目前最常用的印刷正文纸有:787mm×1092mm和889mm×1194mm两种。把787mm×1092mm的纸张,开切成幅面相等的16张小页,称为16开,切成32张小页,称为32开,以此类推。同理,较大尺寸的纸张开切便被称为大16开或大32开。

由于各种不同全开纸张的幅面大小差异,故同开数的书籍幅面也有大小差异。如书籍版权页上注明"787×1092、1/16",是指该书籍是用787×1092mm规格尺寸的全开纸张切成的16开本书籍。常用纸张的开切方法大致可以分为几何级数开切法、非几何级数开切法和特殊开切法。

(1)几何级数开切法

几何级数开切法,也是最常用的纸张开法。它的每种开法都以2为几何级数,开法经济、合理、正规,纸张利用率高,可机器折页,印刷、装订方便,工艺上有很强的适应性。

(2)非几何级数开切法

非几何级数开切法指每次开法不是上次开发的几何级数,工艺上只能用全开纸张印刷机印制,在折页和装订上有一定局限性。

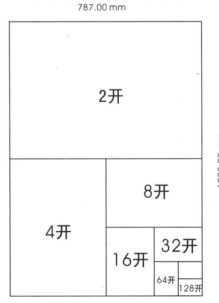

图2-1-12 几何级数开切法示意图

787.00 mm

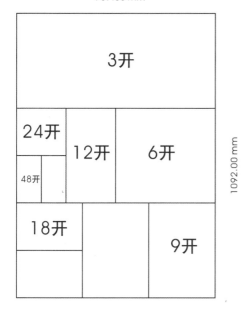

图2-1-13　几何级数开切法示意图

例如，787×1092mm的全开纸张开出的10、12、18、20、24、25、28、40、42、48、50、56等开本都不能将全开纸张开尽，这类开本的书籍都被称之为畸形开本书籍。

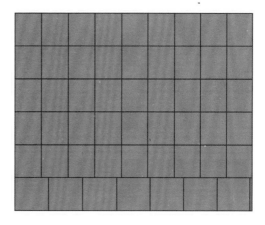

图2-1-15　纵横混合开切法示意图

全开纸张规格变动，开本尺寸也会随之变动。不同规格丰富了书籍的开本形式，更适应了各种书籍的不同需求。

书籍开本的设计要根据书籍的不同类型、内容、性质来决定，不同的开本便会产生不同的审美情趣。不少的书籍因为开本的选择得当，使形态上的创新与该书的内容相得益彰，受到读者的欢迎。

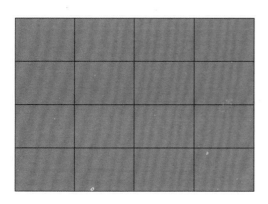

图2-1-14　非几何级数开切法示意图

（3）纵横混合开切法

纵横混合开切法又称特殊开法，是一种畸形开本。纸张的纵向和横向不能沿直线开切，切下的纸页纵向横向都有。根据印刷物的不同需要进行开切，但是不利于技术操作和印刷，易剩下纸边造成浪费。

		全开纸	对开成品	4开成品	8开成品	16开成品	32开成品
	大度	889x1194	860x580	420x580	420x285	210x285	210x140
	正度	787x1092	760x520	370x520	370x260	185x260	185x130

图2-1-16 常用开本尺寸示意图

开本	书籍幅面（净尺寸）宽度	高度	全开纸张幅面	开本	书籍幅面（净尺寸）宽度	高度	全开纸张幅面
16	165	227	690X960	8	260	376	787X1092
16	171	248	730X1035	大8	280	406	850X1168
16	188	207	787X880	大8	296	420	880X1230
16	232	260	960X1092	大8	285	420	889X1194
32	113	161	690X960	16	185	260	787X1092
32	124	175	730X1035	大16	203	280	850X1168
32	130	208	880X1092	大16	210	296	880X1230
32	147	184	889X1194	大16	210	285	889X1194
32	115	184	787X1230	32	130	184	787X1092
32	140	184	787X1156	大32	140	203	850X1168
32	130	161	690X1096	大32	148	210	880X1230
32	169	239	1000X1400	大32	142	210	889X1194
64	80	109	690X960	64	92	126	787X1092
64	84	120	730X1035	大64	101	137	850X1168
64	104	126	880X1092	大64	105	144	880X1230
64	92	143	787X1230	大64	105	138	889X1194
64	119	165	1000X1400				

图2-1-17 其他纸张开本尺寸示意图1

开本	切净尺寸	开本	切净尺寸	开本	切净尺寸
10	229x305	长28	130x207	48	92x170
12	245x253	29	130x204	50	102x148
15	210x248	27	140x203	方56	106x127
16	175x252	方30	149x172	长56	92x146
方20	187x207	长30	124x207	横60	103x121
长20	148x260	34	124x181	长60	86x149
方21	162x210	方36	125x172	方72	92x112
长21	149x248	长36	113x184	长72	86x121
开本	165x207	方40	129x149	80	73x127
23	149x223	长40	103x184	84	86x103
横21	170x186	方42	126x146	90	73x112
长24	124x261	长42	106x172	100	73x100
25	152x210	44	104x167	方120	73x82
方28	150x186	46	111x146	长120	68x89

图2-1-18 其他纸张开本尺寸示意图2

2.1.3 确定书籍开本的因素

开本指一本书的大小，也就是书的面积。只有确定了开本之后，才能根据设计的意图确定版心，版面的布局、插图的安排和封面的构思，并分别进行设计。独特新颖的开本设计必然会给读者带来强烈的视觉冲击力。

书籍开本设计的好坏直接决定了书籍外形的美观程度，是书籍设计中的重要一环。在印刷过程中了解书籍的开本，就可以对书籍使用纸张的大小灵活选择，因为不同开本的书籍，选用的纸张尺寸也不同。纸张的大小选择不合适，容易造成纸张的浪费，增加印刷成本。

（1）书籍的性质和内容

著名书籍设计师吴勇说过，开本的宽窄可以表达不同的情绪。窄开本的书显得俏，宽的开本给人驰骋纵横之感，标准化的开本则显得四平八稳。因此设计时要考虑书籍性质及内容上的需要。

① 诗集类一般采用狭长的小开本，合适、经济且秀美。诗的形式是行短而转行多，读者在横向上的阅读时间短，诗集采用窄开本是很适合的。

② 经典著作、理论类篇幅较多，一般大32开或面积近似的开本较为合适。开本设计得这样小，有"袖珍"之便，以便读者随身携带、随时阅读。同时可以降低成本，以较低的书价方便更多的人。

③ 小说、传奇、剧本等文艺读物类通常选用小32开，方便阅读。这类书不宜太重，以单手能轻松阅读为佳。

图2-1-19 诗歌集

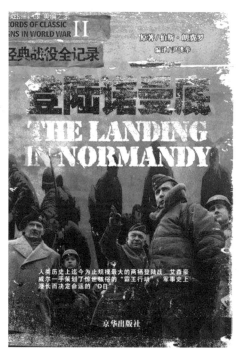

图2-1-21 《登陆诺曼底》

④ 青少年读物类一般有大篇幅的插图内容，可选择偏大一点的开本提高阅读的舒适性。

图2-1-20 《中国文化概论》高校教材理论内容较多，开本选择适合阅读且廉价

图2-1-22 艺术期刊《ARTS》

⑤ 儿童读物类因为有图有文，图形大小不一，文字也不固定，因此可选用大一些接近正方形或者扁方形的开本，适合儿童的阅读习惯。

图2-1-25　儿童读物《TEDDY BEARS》

图2-1-23　《come on，Daisy！》

⑥ 字典、百科全书类有大量篇幅，往往分成2栏或3栏，需要较大的开本。小字典、手册、儿童袖珍读物之类的书开本则选择42开以下的开本。

图2-1-26　不同开本的袖珍书趣味性强

图2-1-24　《牛津高阶英汉双解词典》

⑦ 科学技术类必须注意表的面积、公式的长度等方面的需要。既要考虑纸张的节约，又要使图表安排合理来保持阅读的连贯性，一般采用较大和较宽的开本。

图2-1-27 日本医疗书籍的开本选择

⑧ 画册类是以图版为主的，由于画册中的图版有横有竖互相交替，所以常采用近似正方形的开本。同时大开本设计在视觉上更丰满大气，适合作为典藏及礼品书籍，但需考虑到成本的节约。

图2-1-28 《根集》刘甜甜

⑨ 乐谱类一般在练习或演出时候使用，一般采用16开本或大16开，最好采用国际开本。

图2-1-29 国外乐谱《GERARD KEMPERS》/《FUNNY MALLETS》

（2）读者对象和书的价格

由于年龄、职业等差异使得不同的读者对象对书籍开本的要求是不一样的。如老人、儿童的视力相对较弱，因此书中的字号大些，开本也就相应放大些。

（3）原稿篇幅

书籍篇幅即文章的长短和书页的数量。不同的篇幅选用的开本就应有所不同。例如一部中等字数的书稿，用小开本，可取得浑厚、庄重的效果。反之用大开本就会显得单薄、缺乏分量。而字数多的书稿，用小开本会有笨重之感也不方便阅读，应以大开本为宜。

（4）现有开本的规格

现有的书籍开本是经过书籍设计发展的长期实践传承保留下来的，我们应当予以尊重和学习。

书籍从某种意义上讲是一种商品，因此在开本的设计上要考虑成本、内容、读者、市场等多方面因素。开本形式的多样化是大势所趋，是书籍设计的进步和发展。但需要强调的是，开本的设计要体现设计者和书本身的个性，不能为设计而设计、为出新而出新。只有贴近内容的设计才有表现力，如果脱离了书的自身，设计也就失去了意义。

2.2 印刷工艺

书籍设计是科学、技术、艺术的综合产品。它是否使读者感觉赏心悦目、爱不释手，除内容和形式外，优质的印刷工艺和后期加工等也是不能忽略的，印刷质量的好坏也是评价书籍好坏的重要因素之一。也就是说书籍设计要与印刷工艺相结合，在书籍设计的整体过程中需赋予印刷品以美的灵感。

印刷工艺技术是一个系统工程，主要划分为印前、印中、印后加工三大工序。印前是指印刷前期的工作，是一门将初始设想转化为印刷品的科学。一般是指摄影、设计、制作、排版、出片等。印中指印刷中期的工作，通过印刷机印刷出成品的过程。印后是指印刷后期的工作，一般指印刷品的后期加工包括裁切、覆膜、装裱、装订等工序。

2.2.1 印前

书籍设计的印前工作一般有两个阶段：第一阶段是设计稿完成后，原稿的准备，文字、图片的输入修改、校色、版面的编排；第二阶段是校样打印，校对修改，完成输出，印刷打样，也就是完成了印前工作。

（1）电脑运用

当今信息社会电子技术的发展及广泛使用，使桌面出版和数字化印前行业得以迅速发展。在计算机上输入所需文字、版面、图像、色彩，帮助设计者进行设计创作、提供准确直观的依据，并利用电脑直接输出设计稿。这个过程使计算机真正走向演技与应用为一体的新阶段，电脑技术引入印刷设计领域，使原来分离于编辑、设计、制作等印前不同范畴的繁杂工作结合成群组工作，打破了分工界线的束缚，节约大量的财力物力，速度快效果好，为传统的制版工艺注入了新的艺术生命，赋予了设计新的契机，从而也为书籍设计开辟了新领域，加速了出版业的发展。

（2）图像的网点线数与角度

网点线数指单位长度（每英寸或每厘米）内所排列的网点个数，用LPI或LPC表示。在习惯上也称"网屏线数"或"网目数"。网点的线数越高，图像的层次表现得越丰富，细节也就越多，反之网点线数越低，图像的层次越少，表现出来的图像就越粗糙。

网点角度是指网点排列的方向。印刷品上，如果用放大镜观察印刷品上的图像，则会看到组成印刷品图像的网点是按一定的规律进行排列的。对于不同的印刷方式大都采用如下的网点角度：对于单色印刷，只需要一种网点角度，常选用45度；对于双色印刷，需要两种网点角度，常选用45度和75度（15度）两个角度；对于四色印刷，则需要四种网点角度，一般常选用15度、45度、75度、90度。为避免产生龟纹，需注意在书籍彩页设计中不要将彩色图像放在低线数的平网上。

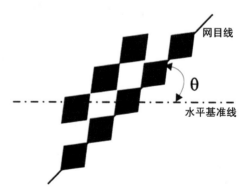

图2-2-1　网点角度的相关图示

（3）掌握拼大版方面的知识

拼版是指在印前或制版过程中，需要将小幅面的版面组合成大的幅面以进行印

图2-2-2 加网线数分别为60、100、175LPI的印刷品对比效果

品制作。目前分为手工拼大版和计算机自动拼版，原理基本相同。

① 拼大版的版式尺寸

在拼大版的版式中，最大的尺寸就是未裁切的纸张尺寸，例如对开纸或是四开纸，第二个尺寸就是裁切的尺寸。裁切的尺寸要小于纸张尺寸且印刷面积不能大于印刷纸张，出血只需超出3mm即可。

② 拼大版的分版

分版，就是在一个版式上安排多个版面，以及如何进行安排的过程，或者说一个印张上需要安排的页码数。

印刷方式的不同，拼大版的方式不同。单面印刷只对印刷纸的一面印刷，在采用这种方式时，只需按照正常的要求拼版即可。而双面印刷则是对一张印刷纸的一面印刷后，更换印版后对纸张的背面进行印刷。采用这种方式印刷时，除按正常的要求拼版外还需要单面印刷的双倍"版面"。

装订方式的不同，拼大版的方式不同。目前常见的订书方法有两种类型：一种是把书帖按页码顺序一帖一帖地重叠在一起，而后用铁丝订、锁线订、无线胶订等订书方式订书。一种是将书贴按页码顺序套在另一个书帖的里面或外面，而后用骑马订的方式订书。

纸张厚度不同，拼大版的工艺也不同。在印刷中，要求一个印张最多允许折页4次，3次折页是书籍印刷中使用最多的折页次数。因此只有64开以下的书籍拼大版时需要特殊考虑，即需要采用双本双联的拼大版方法，以减少折页的次数提高装订的质量。

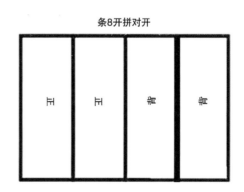

图2-2-3 拼版示意图

2.2.2 印中

印刷方法有很多种，不同的方法操作不同，印刷效果也不同。目前，我国使用的印刷方法主要分为凸版、凹版、平版、丝网印刷四大类。

凸版印刷：凸版印刷所用的印版，印纹高于非印纹。文字用铅字排版，特殊字体、图片、图表之类可使用照相制版方式制成的锌版、铜版、铬等金属版材，然后装在印刷机上进行印刷。凸版印刷油墨浓厚、色调鲜艳、油墨表现力强，但在铅字不佳时，影响字迹清晰度，同时也不适合大开本的印刷。

凹版印刷：凹版印刷的印版的图文部分低于印刷板面。印刷时先将油墨滚在版面上，油墨落入凹陷的印纹处，再将平面的油墨刮除干净以防损坏凹陷部分的图文，然后覆纸、加压，使版面低凹部分的油墨移印到纸面上。

平版印刷：又称胶版印刷，指印版的图文和空白部分在同一个平面上，它利用水油分离的原理在印版版面湿润后施墨，只有图文部分能附着油墨，然后进行直接或间接的印刷。平版印刷装版、套色准确，印刷复印容易，应用的范围也较广泛，如海报、报纸、包装、书刊、挂历等大批量色彩印刷品。

丝网印刷：也称丝漆印刷，它是孔版印刷的一种，把尼龙丝或金属丝网绷紧在框上，然后用手工镂刻或照相制版法，在丝网上制成由通孔部分和胶膜填塞部分组成的图像印版，印刷时，网框上的油墨在刮墨板的挤压下从通孔部分漏印在承印物上。丝网印刷的优点是油墨浓厚、色调鲜艳，适用于任何材料的印刷，例如玻璃类、铁皮、金属

板、花布、纸张及其他立体面等，曲面上边也可印制，多用于礼品印刷。

凸版、凹版、平版、丝网印刷是现代最常用的四种印刷工艺。使用黄、品红、青、黑四色油墨印刷一般印刷品，另还有印刷专色。随着现代科技的发展，已经出现了数码印刷、喷墨印刷、磁性印刷、立体印刷等现代印刷工艺。

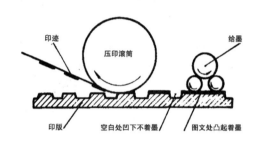

图2-2-4 凸版印刷原理

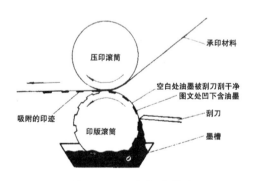

图2-2-5 凹版印刷原理

图2-2-6 平版、凹版、丝网版示意图

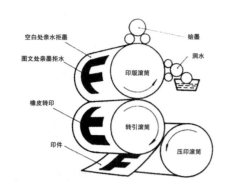

图2-2-7 平版胶印原理

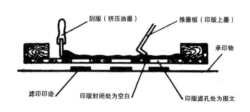

图2-2-8 丝网印刷原理

2.2.3 印后

印后加工是使经过印刷机印刷出来的印张获得最终所要求的形态和使用性能的生产技术的总称。

当今，人们对印刷品的外观要求越来越高。而满足这一需求的主要途径就是对印刷品进行精加工，通过修饰和装潢，提高印刷产品的档次。据有关资料统计，好的包装可使销售额提高15％~18％。印后加工是保证印刷产品质量并实现增值的重要手段，尤其是包装印刷产品，很多都是通过印后加工技术来大幅度提高品质并增加其特殊功能的。从某种意义上讲，印后加工是决定印刷产品成败的关键。

（1）表面装饰

纸印刷品是指使用各种印刷方式在纸承印物表面构成油墨有色图文的产品。纸

印刷品的表面装饰加工主要包括：印刷品表面光泽加工，印刷品表面金、银光泽的加工，提高印刷品表面立体感的加工，以及印刷品特殊光泽的加工等。

上光：在印刷品表面涂上一层无色透明的涂料（或上光油），经过流平、干燥、压光后，在印刷品表面形成一层薄而均匀的透明光亮层。上光包括全部上光、局部上光、光泽型上光、哑光（消光）上光和特殊涂料上光。上光后的印刷品表面光滑，使入射灯光产生均匀反射，油墨层更加光亮，对纸张表面进行保护处理。起到美化和保护印刷品，加强宣传效果和提高使用价值的作用，因而被广泛应用。

压光：是指上光工艺在涂上光油和热压两个基础上进行。印刷品先在普通上光机上涂布上光油，待干燥后再通过压光机的不锈钢带热压，经冷却、剥离后，使印刷品表面形成镜面反射效果，从而获得高光泽。在书籍设计中，护封、封面、插页以及年历、月历、广告、宣传品等的印刷工艺中常使用。

印金、印银：用常规油墨打底，再印金银，附着力强，色彩饱和。

烫金、烫银：使用电化铝，以涤纶薄膜为基材，印版用锌、铜版，将金、银色电化铝烫印在印刷品上，有光亮夺目的效果。

UV印刷：在原印刷品上，再印上透明UV或有色UV油墨材料，可以使印刷品文字、图片局部具有色彩鲜艳或浮雕效果。

凹凸工艺：将原稿中的文字、图形制成阴（凹）阳（凸）模板，通过机器的压力作用，在印刷品表面形成立体感。纸张要求在200克以上，凹凸面积适中，否则效果不佳。

图2-2-9　纸印刷品展示

图2-2-12　《犹太人最有价值的8条商道》"凹凸+烫银"工艺

图2-2-10　日本书封运用"烫金"工艺

图2-2-13　《伦勃朗艺术的美学内涵》"特种纸+凹凸"工艺

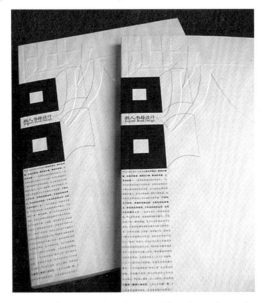

图2-2-11　《吕敬人书籍设计》"凹凸"工艺

图2-2-14　书封中"特种纸+凹凸+烫彩金"工艺

图2-2-15 书封中"UV"工艺

压平—捆书—刷粘胶—干燥分书—切书—
扒圆—起脊—涂粘胶—粘书盒带和头布—
涂粘剂—粘书脊纸(方脊精装书背不需要
扒圆和起脊)。书封加工的主要流程包括
计算规格开料—涂粘料—组壳—包壳—赛
包角—压开—自然干燥—自然压平—烫
印。最后将加工好的书芯和书封进行套合
整理即为套合加工。

(2)制作工序

书籍设计的印后制作工序繁多,现以
精装书为例,讲述其全部流程。分为书芯
加工、书封加工、套合加工三个部分。

书芯加工的主要流程包括印刷—折
页—粘环衬—配页—锁线—半成品检查—

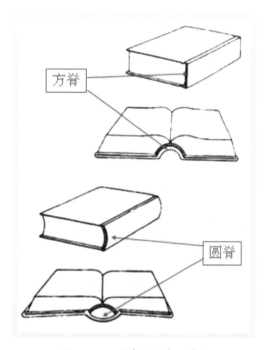

图2-2-17 方脊与圆脊示意图

2.3 装订形式

经过制版印刷,书籍从配页到上封成
型的整体作业过程称为装订。装订工艺是
出版物出版前的最后一道工序,包括把印
好的书页按先后顺序整理、连接、缝合、
装背、上封面等步骤,它不仅要求装订成
册,且要美观耐用。书籍的装订形式可分
为中式和西式两大类。

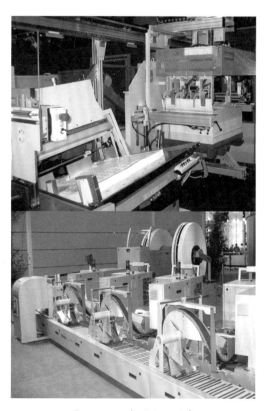

图2-2-16 印后加工设备

图2-3-1　书刊装订设备及耗材

2.3.1　中式类

中式类以线装为主要形式，其发展过程大致经历简策、帛书、卷轴装、旋风装、经折装、蝴蝶装、包背装，最后发展至线装。现代书刊除少数仿古书外，绝大多数都是采用西式装订。

图2-3-2　常见中式书籍装订形式

图2-3-3　《中国水书》吕敬人 包背装

图2-3-4　《地藏菩萨本愿经》吕敬人 线装系列书籍

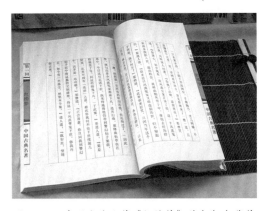

图2-3-5　中国古典名著《红楼梦》苏冬勤 包背装

2.3.2　西式类

（1）平装书的装订形式

平订：即将印好的书页经折页、配帖成册后，在订口一边用铁丝订牢，再包上封面的装订方法，用于一般书籍的装订。其方法简单，成本较低廉，双数和单数的书页都可以订。但是书页翻开时不能摊平，使阅读不方便。其次是订眼要占用5毫米左右的有效版面空间，降低了版面率。而且铁丝时间长容易生锈折断，影响美观和书页脱落，因而平装不宜用于厚本书籍。

骑马订：是将印好的书页连同封面，在折页的中间用铁丝订牢的方法，适用于页数不多的杂志和小册子，是书籍订合中最简单方便的一种形式。其加工简便、快速，订合处不占有效版面空间，书页翻开时能摊平。但是书籍牢固度较低，且书页必须要配对成双数，不能订合页数较多的书。

无线胶订（胶背订）：是指不用纤维线或铁丝，而用胶水料粘合书页的订合形式。将折页、配帖成册的书芯用不同手段加工，将书籍折缝割开或打毛，施胶将书页粘牢再包上封面。与传统的包背装非常相似。优点是方法简单，书页也能摊平，外观坚挺，翻阅方便，成本较低。缺点是牢固度稍差，时间长了乳胶会老化引起书页散落。

锁线订：即将折页、配帖成册的书芯按前后顺序，用线紧密地将各书帖串起来然后再包以封面。这种装订方式既牢固又易摊平，适用于较厚的书籍或精装书。与平订相比，书的外形无订迹，且书页无论多少都能在翻开时摊平，是理想的装订形式。但是其成本偏高，且书页也须成双数才能对折订线。

活页订：在书的订口处打孔，再用弹簧金属圈或螺纹圈等穿锁扣的一种订合形式。单页之间不相粘连，适用于需要经常抽出来、补充进去或更换使用的出版物。新颖美观，常用于产品样本、目录、相册等。 优点是可随时打开书籍锁扣，调换书页，阅读内容可随时变换。常见形式：穿孔结带活页装、螺旋活页装、梳齿活页装。平装书的订合形式还有很多，如塑线烫订、三眼订等。

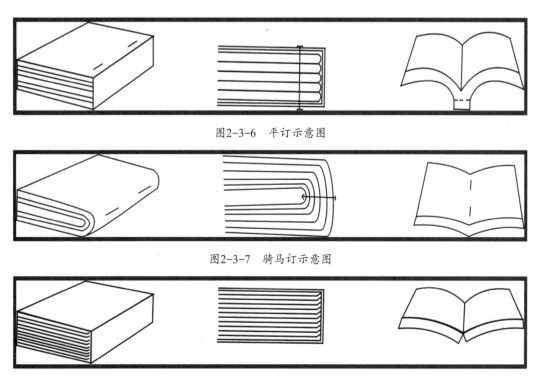

图2-3-6　平订示意图

图2-3-7　骑马订示意图

图2-3-8　无线胶订示意图

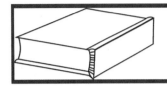
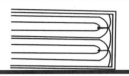

图2-3-9 锁线订示意图

有各种纺织物，有丝织品，还有人造革、皮革和木质等。

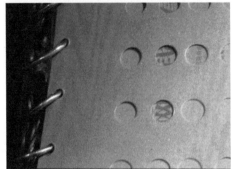

图2-3-10 活页订书籍示意图

图2-3-11 精装书采用纺织物封面

（2）精装书的装订形式

精装是书籍出版中比较讲究的一种装订形式，它比平装书用料更讲究，装订更结实。精装特别适合于质量要求较高、页数较多、需要反复阅读，且具有长时期保存价值的书籍。例如经典专著、工具书、画册等。其结构与平装书的主要区别是硬质的封面或外层加护封，有的甚至还要加函套。

①精装书的封面

精装书的书籍封面，可运用不同的物料和印刷制作方法，达到不同的格调和效果。精装书的封面面料很多，除纸张外，

图2-3-12 精装书采用皮革封面

A. 硬封面，是把纸张、织物等材料裱糊在硬纸板上制成，适宜于放在桌上阅读的大型和中型开本的书籍。

图2-3-13　精装书硬封面

B. 软封面，是用有韧性的牛皮纸、白板纸或薄纸板代替硬纸板。轻柔的封面使人有舒适感，适合便于携带的中型本和袖珍本，例如字典、工具书和文艺书籍等。

图2-3-14　精装书软封面

② 精装书的订合形式也有活页订、铆钉订合、绳结订合、风琴折式等。

图2-3-15　书籍活页订合示意图

图2-3-16　书籍铆钉订合示意图

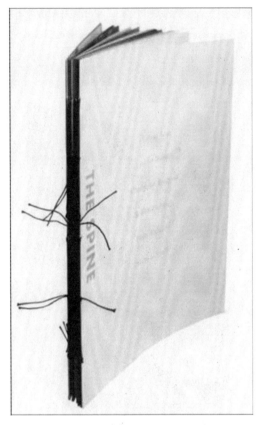

图2-3-17　书籍绳结订合示意图

图2-3-18　书籍风琴折式示意图

③精装书的专属名词。

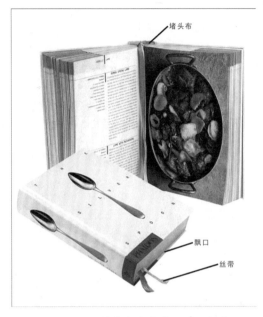

图2-3-19　精装书的专属名词示意图

飘口：封面均匀地大于书芯3毫米，即冒边或叫做飘口，便于保护书芯，也增加了书籍的美观。

堵头布：又称脊头布、顶带。是一种有厚边的扁带，粘贴在书芯订口外边的顶部和脚部，用于装饰书籍和加固书页间的连接。

丝带：又称书签带，粘贴在书脊的顶部，起着书签的作用。堵头布和丝带的颜色，设计时要和封面及书芯的色调搭配和谐。

作品点评

图2-3-20 《OUR》陈鹏

　　《OUR》是一本关于青春的书，是以大学时代为背景下的年轻人面对生活的真实写照。本书创造性地将合页运用书籍的装订中，将做旧的麻布裱糊在木头上，撕扯裸露的质感和沙粘合而成的红色书名，设计粗放不羁，视觉感受新颖，厚重大气，符合书籍内容的定位。

图2-3-21 奥地利设计师Julian Weidenthale

　　书籍的开本也是书籍设计的一种语言。设计师的这本书籍设计选择的是16开的开本，从视觉上为读者营造一种现代感。设计创意很酷的一点在于整个书籍外部包裹了一层银色的包装纸，使书籍看来更像一种高级的商品。作为书籍的封套设计带给人深刻的第一印象，体现出这本书的独特艺术个性，在不知不觉中引导着读者审美观念的多元化发展。

　　而书籍的内部和封面则选用质朴色彩和材质的纸张，与封套的银色交相呼应，整个设计显得干净、优雅又酷劲十足。

课后训练

1. 什么是开本?

2. 选择开本时需要考虑哪些因素?

3. 平装书有哪些订合形式?

4. 通过书籍市场调查,举例说明精装书常用的开本、材料、印刷工艺、装订形式等,并尝试自主设计。

拓展阅读

① 学习网站:

http://www.axisjiku.com/en/

http://www.zoyosun.com/

② 阅读书籍:

《书籍设计与印刷工艺》,雷俊霞等编著,人民邮电出版社

《印刷工艺》,张雨主编,人民美术出版社

第3章
书籍设计之构成

▪ 学习目标

通过本章的学习，学生能够初步了解书籍设计的外部及内部构成元素，认识书籍设计的专业名称及知识，掌握其相关设计原理和特点，并尝试进行细节的设计与创意。

▪ 重难点

充分学习书籍设计的外部和内部的构成要素，并在设计实践中将书籍设计的外部和内部构成要素加以创新设计，对传统的构成要件进行大胆革新，在推广书籍的主要内容的基础上，创作出新颖的书籍构成作品。

▪ 训练要求

学习来源于我们对生活点滴的积累。收集大量优秀书籍，分析其结构及构成元素，达到由感性到理性的认识。同时尝试举一反三，加以学习利用。

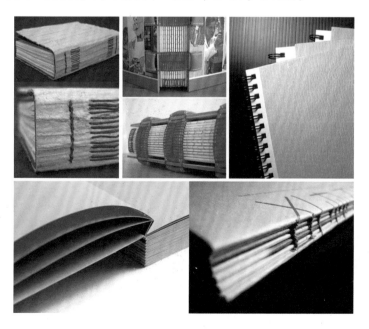

3.1 书籍外部构成元素

书籍设计由诸多项目元素构成，每个元素各有其特点，设计要求也不同，下面就将其分为外部构成元素和内部构成元素来逐一进行介绍。

3.1.1 护封

护封亦称为封套、包封、外包封、护书纸等，是包在书籍封面外的另一张扁长形印刷品的外封面。它的高度与书相等，长度能包裹住封面的前封、书脊和后封，并在两边各有一个5cm~10cm的向里折进的勒口。能保护和装饰封面，且起到小型广告帮助销售的作用。护封一般选用质量较好的纸张，印有书名和装饰性的图形，多用于精装书。也有用250克或300克卡纸作内衬，外加护封，称为"软精装"。

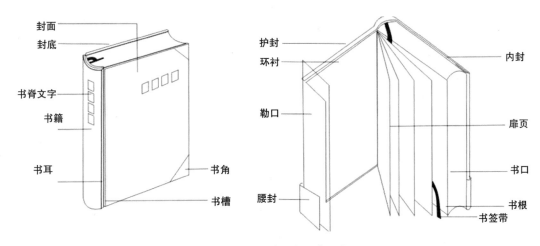

图3-1-1　现代书籍构成元素示意图

图3-1-2　护封结构示意图

图3-1-3 《设计私生活之二：放大意大利》

图3-1-4 《尘曲》护封在正反页进行色彩的对比处理

图3-1-5 《遇见你，已经很不可思议》护封以文字为主设计

3.1.2 封面

封面亦称为书面、封皮等。一般是指书脊的首页正面，即裹在书芯面一页的表层。对书籍而言，包括封一、书脊和封四（封底），杂志则还包括封二和封三。

大多数平装书的前封上印有书名、著作者名和出版机构名称。也有少数书籍前封上无著作者名或无出版机构名。书名大都位于前封的主要位置且较醒目，而著作者名和出版机构名一般都位于从属位置且字较小。封底上通常放置出版者的标志、系列丛书书名、书籍价格、条形码及有关插图等。一般来说，后封尽可能设计得简洁，但要和前封及书脊的色彩、字体编排方式统一。

图3-1-8 《中国设计机构年鉴》08平面卷

图3-1-6 《三毛集——温柔的夜》前封设计仅有书名

图3-1-9 《还有一道荤菜叫男人》利用插画及色彩安排使封面具有吸引力

图3-1-7 《书戏》封面文字编排紧凑，并利用凸凹工艺，有质感

3.1.3 书脊

书脊又称封脊，即书的脊背，它连接书的前封和后封，是书籍成为立体形态的关键部分。常常展示在书店、图书馆、自家书柜的书架上。书脊的厚度要计算准确，这样才能确定书脊上的字体大小，设计出合适的书脊。通常书脊上部放置书名，字号较大，下部分放置出版社名，字号较小。如果是丛书，还需印上丛书名，

多卷成套的要印上卷次。厚本书脊可以用来进行更多的装饰设计，例如精装书就常常采用烫金、压痕、丝网印刷等诸多工艺来处理。

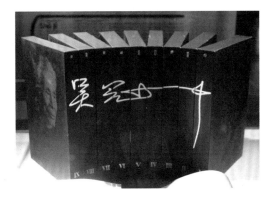

图3-1-12 《吴冠中画谱》以签名贯穿系列丛书的书脊，简洁大气

图3-1-10 国外优秀书脊设计

图3-1-11 国内常见书脊设计

3.1.4 书函

用以包装书册的盒子、壳子或书夹统称为书函。书函又称书套、封套、书盒等，通常用来放置比较精致的书籍，大多数用于丛书或多卷集书。它的主要功能是保护书籍、增加艺术感，便于携带、馈赠和收藏。

一般书函有两种形式：一种是开口书匣，用纸板五面订合，一面开口。当书籍装入时正好露出书脊，有的在开口处挖出半圆形缺口以便于手指伸入取书，这种形式也称为函套。还有一种即前一种开口处加上盒盖，盒盖的一边可以与盒底相连。书函通常用普通板纸制作，用其他材料作裱糊装饰。也有用木板做书盒在上面雕刻文字和图形，还有采用各种有色织物粘合而成。

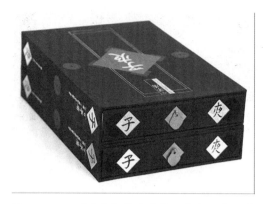

图3-1-13 《子夜》传统装帧形式和现代工艺
完美结合

图3-1-16 国外书函设计 抽象图形简洁大方具
艺术感

图3-1-14 《广州沉香笔记》袁银昌

图3-1-17 《凸凹心情》李论

图3-1-15 《中国记忆——五千年文化瑰宝》
敬人书籍设计

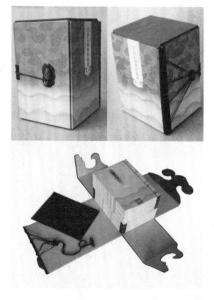

图3-1-18 将包装结构合理运用到书函的设计
中，整体性强，古朴有韵味

3.1.5 勒口、飘口

比较考究的书籍一般会在前封和后封的外切口处，留有一定尺寸的封面纸向里转折5cm~10cm。前封翻口处称为前勒口，后封翻口处称为后勒口。

前勒口通常印上这本书的内容简介或简短的评论。这部分的设计对于读者了解书籍的内容有重要作用，同时设计因素的合理运用能对勒口起到分割面积和装饰的作用。如果护封的广告效果已经很强烈，那么勒口就应该有意识地设计得简洁朴素，使它统一在书籍内部的气氛中。后勒口，通常可印上作者的简历和肖像，或者印上作者的其他著作或这本书的同类书籍。这里是出版社宣传其他书籍，特别是与这本书有关的书籍的广告场所。后勒口的设计要与前勒口取得一致。

精装书前封和后封的上切口、下切口及外切口都要大出书芯3mm左右用来保护书芯，大出的部分就叫飘口。

图3-1-20 《彩绘童书 儿童读物插画创作》勒口设计

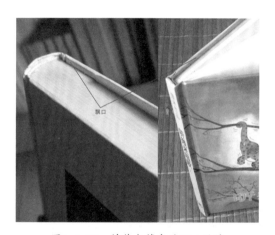

图3-1-21 精装书籍中的飘口设计

图3-1-19 《设计私生活之二 放大意大利》勒口设计

3.1.6 环套

亦称为腰封，是指包绕在护封的下部，高约5cm的部分。因只及护封的腰部，因此被称为腰封或半护封，而护封又称全护封。主要是将补充内容介绍给读者，兼顾促销和装饰功能。环套往往是在书籍印出之后才加上去的。例如该书的作者获得了文学奖或被拍成电影等。腰封的使用不应当影响护封的效果。

图3-1-22 日本书籍环套 文字设计和编排较好
地突出主题氛围

图3-1-25 《汪国真经典代表作2》

3.1.7 订口、切口

书籍装订处到版心之间的空白部分
称为订口。顶口的装订常有缝纫订、活页
订、骑马钉、无线胶订等。书籍除订口外
另外三边切光的部分称为切口。分为上切
口（又称"天头"）、下切口（又称"地
脚"）、外切口（又称"书口"）。直排
版的书脊订口多在书的右侧，横排版的书
订口则在书的左侧。不带勒口的封面要注
意三边切口应各留出3mm的出血边供印刷
装订后裁切光边用。

图3-1-23 《有时爱情冬眠了》

图3-1-24 《包装材料与结构设计》环套以结
构案例为内容，可展开供使用

图3-1-26 现代书籍常见订口

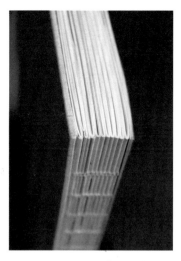

图3-1-27　订口为裸装的锁线订书芯

图3-1-28　现代书籍常见切口

图3-1-29　日本书籍切口 以红白色安排增加书籍趣味性

图3-1-30　《亲历可可西里10年——志愿者讲述》切口展现出景物剪影

图3-1-31　《梅兰芳全传》吕敬人 通过左右翻阅展示出梅兰芳的戏里戏外形象，极具审美性和跨越时空的感受，使书籍具有生命力

图3-1-32　《黑与白》吕敬人 书籍体积的每一面都是表现主题的场所，在切口上注入黑白纹样和图像，不管是静止呈现，还是动态翻阅，均可让读者产生联想达到主题的升华

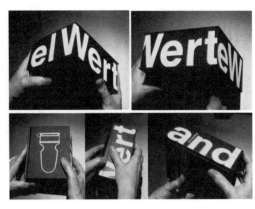

图3-1-33 国外优秀书籍切口设计

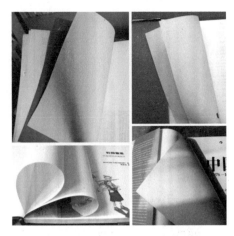

图3-2-1 不同色彩及材质的环衬页

3.2 书籍内部构成元素

3.2.1 环衬

环衬又称环衬页，也叫蝴蝶页。是指在封面与书芯之间的一张对折双连页纸，一面贴牢书芯的订口，一面贴牢封面的背后的页面。我们把在书芯前的环衬页叫前环衬，书芯后的环衬页叫后环衬。

环衬页把书芯和封面连接起来，使书籍得到较大的牢固性，具有保护书籍的功能。同时环衬页一般选用白色或淡雅的特种有色纸，虽然上面没有文字信息内容，但在封面和书芯之间起过渡作用，也是书籍整体设计的一部分。环衬的色彩明暗和强弱，构图的繁复和简单，应与护封、封面、扉页、正文等的设计取得一致，并要求有节奏感。一般书籍，前环衬和后环衬的设计是相同的，即画面和色彩都是一样的，但设计师也可以根据书籍内容的需要，对环衬进行整体的装饰设计。当平装书达到一定厚度时也应考虑采用环衬，使封面翻平不起褶皱从而保持书籍的平整。

图3-2-2 《马蒂斯和他的学生们》利用硫酸纸做环衬页

图3-2-3 《图形语言》利用色彩构成使其与整体相呼应

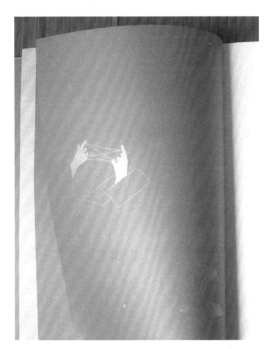

图3-2-4　《书戏》吕敬人 环衬页采用素雅的特种纸及烫银工艺完成

3.2.2　扉页

扉页亦称内封、副封面。即在封面、环衬的后面一页，正文的前一页，是书籍内部设计的入口，也是对封面内容的补充。包括书名、副标题、著译者名称、出版机构名称等。扉页应当与封面的风格取得一致但又要有所区别，不宜繁琐，避免与封面产生重叠的感觉。

图3-2-5　《中国剪纸技法大全》

图3-2-6　《彩绘童书——儿童读物插画创作》

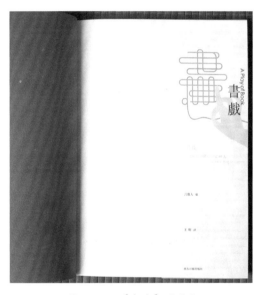

图3-2-7　《书戏》吕敬人

图3-2-8　《图形语言》

3.2.3 版权页

版权页通常设在扉页的后面，也有一些书设在书末最后一页。版权页上的文字内容一般包括书名、丛书名、编者、著者、译者、出版者、印刷者、版次、印次、开本、出版时间、印数、字数、国家统一书号、图书在版编目（CIP）数据等，是国家出版主管部门检查出版计划情况的统计资料，具有版权法律意义。版权页的版式没有定式，大多数图书版权页的字号小于正文字号，版面设计简洁。

图3-2-11 《彩绘童书——儿童读物插画创作》版权页

图3-2-9 《中国：1976—1983》版权页

图3-2-12 《艺术游侠·李自健》版权页

3.2.4 目录

目录又叫目次，是全书内容的纲领，它摘录全书各章节标题，表示全书结构层次，以方便读者检索的页面。目录页通常放在扉页或前言的后面，即正文的前一页。目录的字体大小一般与正文相同，

图3-2-10 《图形语言》版权页

当标题层次较多时，可用不同字体、字号、色彩及逐级缩格的方法来加以区别，使之条理分明。

目录的设计过程中，一定要把握好书籍的整体性设计理念，在统一中寻求变化，增强审美意识，提高视觉传达的识别性。

图3-2-15 《设计东京》利用摄影照片及合理版式，具有设计感

图3-2-13 《天天饮食家常菜烹饪妙招秀》通过色彩和图片运用加强内容区分，便于检索

图3-2-16 《夹缬》采用中轴对称的方法排版

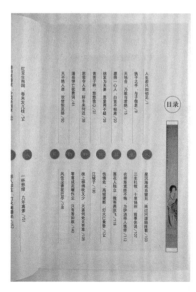

图3-2-14 《人生若只如初见》竖式排版，细节装饰增添趣味性

图3-2-17 《艺术游侠·李自健》

3.2.5 序言、后语页

序言页是指著者或他人为阐明撰写该书的意义，附在正文之前的短文页。也有附在书尾的后面称之为后语页或后记、跋、编后语等，不论什么名称，其作用都是向读者交代出书的意图，编著的经过，强调重要的观点或感谢参与工作的人等等。

图3-2-20　《中国剪纸技法大全》序

图3-2-18　1946年丰子恺漫画《战时相》序言

图3-2-21　《夹缬》序

图3-2-19　《书戏》序吕敬人 分栏及留白处理加强书籍整体性

图3-2-22　《图形语言》后记

图3-2-23 《面子》奇文云海 后记采用可以展开的折纸设计增强了趣味性和新意

3.2.6 参考文献页

参考文献页是标出与正文有关的文章、书目、文件并加以注明的专页，通常放在正文之后。其字号比正文文字小。

图3-2-24 《彩绘童书——儿童读物插画创作》参考资料

图3-2-25 《书籍设计》参考书目

[附二]

本书主要参考书目

《怎样剪纸》	林曦明编著	上海人民出版社	1974年版
《剪纸学习辅导》	王子涂著	少年儿童出版社	
《剪刻纸技法》	慈旭编著	天津人民美术出版社	1977年版
《中国民间剪纸》	张道一编著	金陵书画社	1979年版
《剪纸技法》	蒋可文编绘	(台湾)大学书局	1980年版
《剪纸技法》	柴京津著	解放军文艺出版社	1987年版
《中国民间剪纸艺术》	张柯贤编著	今日中国出版社	1996年版
《剪花娘子库淑兰》	黄永松编著	(台湾)汉声杂志社	1997年版
《中国民俗吉祥剪纸》	郭宪著	中国地质大学出版社	1997年版
《单色剪纸制作》	李红军著	人民美术出版社	1998年版
《剪纸制作技法》	尤红著	北京工艺美术出版社	1998年版
《民间剪纸》	徐艺乙著	山东科学技术出版社	1998年版
《学生剪纸技法》	周是一编著		1999年版
《中外剪纸艺术》	仉凤皋著	辽宁美术出版社	2000年版
《中国剪纸艺术研究》	傅作仁、朱仁主编	黑龙江美术出版社	2000年版
《剪纸》	宋胜林编著	浙江人民出版社	2000年版
《怎样学剪纸》	娄红霞著	金盾出版社	2001年版
《中国民间美术造型》	左汉中著	湖南美术出版社	2002年版
《剪纸》	叶呈基著		2002年版
《少年儿童剪纸技法》	温少卿、张洪庆编著	古吴轩出版社	2002年版
《金坛刻纸》	金坛市文化局编		2003年版
《现代剪纸语言的变异——异术剪纸》	梁长胜著	人民美术出版社	2003年版
《动物纹样剪法》	陈山桥著	陕西人民美术出版社	2004年版
《花草纹样剪法》	陈山桥著	陕西人民美术出版社	2004年版
《中国民间剪纸史》	王伯敏著	中国美术学院出版社	2006年版
《跟着吴老师学剪纸》	吴文娟编著	湖南美术社	2009
《樊晓梅剪纸技法》	左汉中主编	甘肃人民美术出版社	200
《中国民间剪纸技法教程》	梁春兰著		

图3-2-26 《中国剪纸技法大全》参考书目

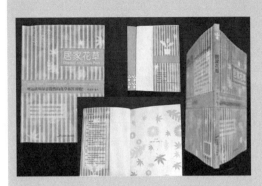

图3-2-27　《居家花草》-1 戴婷婷

图3-2-28　《居家花草》-2 戴婷婷

　　《居家花草》是一本家庭科普类读物，主要讲解如何在家庭环境中种植花草。因此它的封面设计恬淡自然，清新中透露出些许淡雅。以大面积的百叶窗元素为主要形态，铺满整个画面，营造家庭氛围，给许多阅读此书的读者以亲近感。中间散落叶形元素若隐若现，也增添了画面的灵动和居家环境的和谐。书名选用绿色，与腰封色彩相呼应。既和主元素相区别，也能突出书名。环衬、扉页部分的散落叶形元素与封面呼应。色彩应用和谐统一、清新自然。

图3-2-29　《坐看云卷云舒》-1 伍越

图3-2-30　《坐看云卷云舒》-2 伍越

　　《坐看云卷云舒》是一本诗词鉴赏类书籍。

　　整个装帧设计以黑白为主要色调，与书的主题相一致。用大面积的白色突出诗词意境无穷，扩大书籍创作的想象空间，增强了艺术感。文字的编排也匠心独运，"坐"字如泰山一样稳定方正，"云卷云舒"四字舒展潇洒，正好呼应"坐"字，而"看"字则正好把两者联系起来，和书籍评点诗词的主旨相符合。目录、扉页部分采用与封面相呼应的书籍名称为主要图形，并使云纹贯穿始终。函套的设计采用蓝色调配黄色纹样，淡雅清新，使作品表达整体统一、协调、准确。

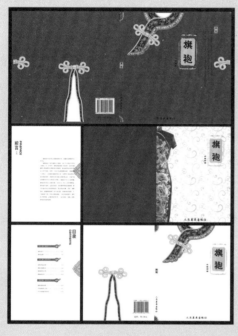

图3-2-31　《旗袍》-1 梁晓菊

图3-2-32　《旗袍》-2 梁晓菊

　　《旗袍》是一本具有浓郁民族气息的书籍，体现了传统民族特色文化。本书护封在色彩上选用了大面积的红色为主色彩，吉祥喜庆。字体设计采用中国古典书籍的竖排结构，突出主题，书名处于"封眼"位置，以黄底加衬，使书名在构图中处于视觉上的主导地位。封面设计以白色为主，高雅清洁，契合旗袍高贵的气质，古典而不失现代感；扉页以旗袍的一半为元素，使画面产生美感，增加封面的艺术性。而传统纹样贯穿于整部书，在书的夹页中间以装饰印花联接，塑造了书籍的整体风格，彰显其文化性。

课后训练

1. 什么是护封设计?

2. 书籍设计的内部和外部的构成元素包括哪些?

3. 自拟主题及书名,完成书籍设计之构成。

拓展阅读

① 学习网站:

http://www.processjournal.com/

http://monocle.com/

② 阅读书籍:

《设计:50位最有影响力的世界设计大师》,(英)罗杰斯著,胡齐放译,HarperCollins UK

《设计:以考察的名义》,谭平编,四川美术出版社

第4章
书籍设计之版式

■ 学习目标

了解书籍版式设计的基本设计元素，明确书籍设计一般原理及典型风格的把握，掌握书籍设计的版式运用和方法。

■ 重难点

在了解书籍设计中版式设计的重要元素和各个要件的版式设计目的基础上，根据书籍的主要内容进行版式编排设计，结合书籍内容的特点进行版式的创新设计，使得各个阅读群体有效地阅读。

■ 训练要求

学习回顾版式设计的相关知识，在针对书籍设计的版式设计中，多收集优秀的国内外书籍设计进行分析，在临摹借鉴中寻找自己的风格和设计感受。

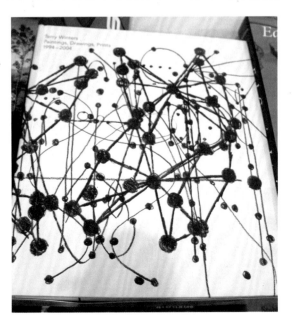

版式设计是现代设计艺术的重要组成部分，是视觉传达的重要手段。它是指按照一定的内容需要和审美规律，结合各种平面设计的具体特点，运用各种视觉要素和构成手法，将其在版面上有机组合编排。通过整体形成的视觉感染力与冲击力、秩序感与节奏感，将理性思维个性化地表现出来，使其成为具有最大诉求效果的构成技术，最终以优秀的布局来实现卓越设计的视觉传达方法。

书籍的版式设计是指在一种既定的开本上，把书稿的结构层次、文字、图形、色彩等方面作艺术而又科学地编排处理，使书籍内部的各个组成部分的结构形式，既能与书籍的开本、装订、封面等外部形式协调，又能给读者提供阅读上的方便和视觉享受，它是书籍设计的核心部分。

4.1 版式设计元素

4.1.1 文字

文字是书籍版式设计不可缺少的组成部分。熟悉掌握文字的特征，对字体的运用和创意以及对字号的把握对书籍整体设计有着举足轻重的作用，是书籍设计者的基本功之一。

一本书籍封面具备简练的文字，包括书名、作者名和出版社名。书名是文字部分的主要项目，需根据书籍气质选用合适的字体，它不仅在字面意义上帮助读者理解书籍的内容，同时也可使书籍内容的体现和表达、形式美感得到进一步增强，因而在设计上应具有突出地位，不能被色彩和图形所淹没。脱离书稿性质和读者对象

的随意性书名字体设计有损于书籍的整体设计。

有时为了画面的需要在封面上不安排文字，这时候书脊上就必须得有书名、出版社名，以方便读者在书架上检索查阅。扉页上的文字必须完整，而说明文字、责任编辑、书号、条形码、定价等文字信息则根据整体设计需要安排在勒口、封底或内页上。这部分也应该进行细致的设计，要考虑到文字形式美感和内容传达的视觉双重意义。因为读者会根据这些文字所传递的信息对书籍进行快速准确的鉴别、选择和比较。它和正文的文字阅读相比是一个短暂而又复杂的过程，有很大的不同。

图4-1-1　外文书籍拉丁字母的运用

图4-1-2　英文字体在书籍封面上的设计及运用

图4-1-3 《Typography 32》纽约 Mucca 工作室 封面采用了中国民间传统板笔花鸟字

图4-1-6 《春节》以年画为底，文字设计饱满 大气具有喜庆的氛围

图4-1-4 《不哭》朱赢椿 这本写贫困孩子的书， 字体设计成斑驳晕染的效果，像是带着泪痕

图4-1-7 《赤彤丹朱》吕敬人 以略带拙味的老 宋体文字巧妙组合成闭合窗形，用银灰色衬出红 日，有力地暗喻红色年代的人文氛围

图4-1-5 《女红》徐洁 将文字与典型图形相结合

图4-1-8 日本书籍设计 高桥善丸 将文字外轮廓 虚化处理，符合内容需要

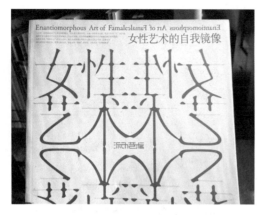

图4-1-9 《女性艺术的自我镜像》虚实正反的重复处理，正好点题

图4-1-10 字体在书籍封面上的丰富运用

4.1.2 图形

图形是一种世界语言，好的图形设计可以在没有文字的情况下，通过视觉语言，使人们彼此沟通理解，可跨越地域的限制、语言的障碍，文化的差异而进行无声的交流，心灵感应，达到无声感染的艺术效果。封面上一切具有形象的都可称之为图形，包括摄影、绘画、图案等，分写实、抽象、写意、装饰等。它可以是具象的，也可以是抽象的，装饰性的，或漫画性的，无论采用哪一种都要根据书籍的内容和主题来选择适当的图形表现。

例如儿童读物常选用容易理解的夸张形象作具象处理，增强趣味性；建筑、生活用品等类的书籍会运用直接生动的照片来表达准确性和真实性；而在科技读物的封面图形选择上常采用抽象的形象来进行表达。在大量中外文学书籍封面上，大量地使用"写意"的手法。不仅用具象和抽象形式提炼书籍内容，且采用像中国画中似像非像的写意手法，着重于抓住形与神的内涵，以获得具有气韵的情调和感人的联想。这些图形在书籍设计体现民族风格和时代特征上起到很大的作用。在现代书籍封面设计中也因为运用了电脑，摄影、图形经过电脑图像软件综合处理后，使其出现了许多新的表现语言，画面变得更加细腻、丰富，具有层次感。

图4-1-11 烹饪餐饮类书籍运用照片直接表达，能勾起读者食欲，引发共鸣

图4-1-12 运用人物摄影完成封面，图像逼真，视觉冲击力强

图4-1-13 运用装饰风格图案完成

图4-1-15 日本书籍图形处理清新雅致，极具特点

图4-1-14 不同绘画手法的运用

图4-1-16 儿童读物手法处理多样化的趣味性表达

图4-1-19 《音符上的奥地利》杨林青 利用音符和地图的处理，具有轻松愉悦之感

图4-1-17 写意手法的运用增加氛围

图4-1-20 《SHAN SA》利用中国画写意手法表达意境

图4-1-18 利用抽象点线面构成形式进行书籍意境的把握

图4-1-21 《荷兰新生代设计》采用电脑技术，运用色彩构成设计封面

4.1.3 色彩

色彩处理对书籍设计具有广告宣传上的实用性，在整体设计的过程中占有重要地位。

书籍封面的魅力除了文字图形及构图外，艺术情感的表达取决于色彩的设计。对造型艺术品的形与色而言，色彩具有更强的能见度，色彩常常先于造型被读者的视觉所关注。色彩本身是不具备情感的，但设计者需凭借对书籍内容的认识理解，通过创造性的色彩搭配塑造主观情感，使读者在感知色彩的同时接受设计者赋予在色彩中的感情传递达，产生共鸣，引起对封面、书籍内部色调乃至书籍整体的关注。

色彩的具体处理要根据封面和书籍内部的色调来决定，同时考虑针对不同的印刷方式、油墨性质、纸张材料去理解和处理。色彩运用作为一种设计手段，如果不能完美地体现设计目的，则出不了好的设计。

图4-1-23 《KARIM RASHID EVOLUTION》
运用系列色彩搭配

图4-1-22 荷兰书籍设计采用鲜艳的色彩搭配

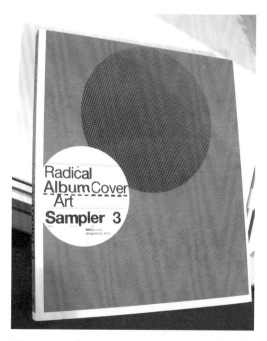

图4-1-24 《RADICAL ALBUM COVER ART》
运用大量橙色，视觉冲击力强

图4-1-25 日本儿童书籍运用梦幻的色彩搭配

图4-1-27 《藏在书包里的玫瑰》运用粉紫色系列表达青春的唯美

图4-1-26 《不会飞的大黄蜂?》提炼黄蜂的色彩,符合主题内容

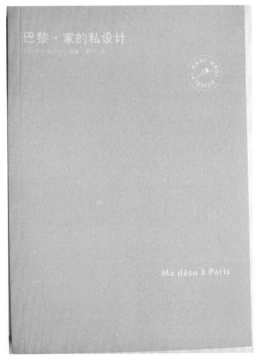

图4-1-28 《巴黎·家的私设计》运用大面积纯蓝,干净利落

图4-1-29 系列书籍运用单纯明亮色块进行搭配,轻快,具有视觉冲击力

图4-1-30 利用构成手法完成色彩表达

4.2 版式设计风格

世界上目前存在三种典型的版式设计风格。即古典版式设计、网格版式设计、自由版式设计,这三种版式设计的风格形式目前是相互平衡使用的。相对而言,古典版式设计和网格版式设计是经过书籍设计历史发展长期考验的,具有很强的生命力。而自由版式设计则尚处于摸索实践阶段,运用相对较少,但具有较强的设计潜力。

4.2.1 古典版式设计

古典版式设计是当今版式设计三种典型形式之一。自五百多年前,德国人谷腾堡创立了欧洲书籍艺术版式设计以来,至今仍处于主导地位。这是一种以书籍订口为轴心,左右页对称的形式。内文版式有严格的限定,字距、行距有统一的尺寸标准,天头、地脚、内外白边均按照一定的比例关系组成一个封闭性的框。文字油墨深浅和嵌入版心内图片的黑白关系都有严格的对应标准,使得版面的印刷部分(文字、图片和表格)与未印刷部分(空白处)相互协调、和谐统一,方便地将设计师的设计思想贯穿整本书籍的设计之中。

图4-2-1 儿童读物中的古典版式设计运用

图4-2-2 外国书籍中古典版式设计运用

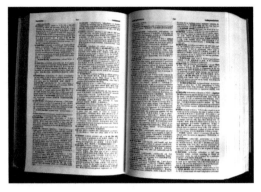

图4-2-5 《牛津高阶英汉双解词典》

4.2.2 网格版式设计

网格设计是指在书页上按照预先确定好的网格分配文字和图片的版式设计方法。它产生于20世纪30年代的瑞士，完善于20世纪50年代，并迅速在世界各地广泛地传播。其风格特点是运用数学的比例关系，运用安排均匀的水平线和垂直线，通过严格的计算把版心划分为无数统一尺寸的网格，也就是把版心的高和宽分为一栏、二栏、三栏以及更多的栏，由此规定了一定的标准尺寸。运用这个标准尺寸的控制，安排文字和图片，使版面取得有节奏的组合，产生优美的韵律关系，未印刷部分成为被印刷部分的背景。其方法很多，有十二等分网格法和五十八等分网格法等。相对古典版式设计，它具有完全不同的设计原理；与自由版式设计相比，则以理性为基础设计理念，重视比例与秩序感。它的优点是将秩序引入版式设计，使其所有元素相互协调一致、连贯紧密、结构严谨。

网格设计依赖于纵横两方面的版面划分，使其形成一定的关系和比例。优

图4-2-3 经典古典版式设计运用

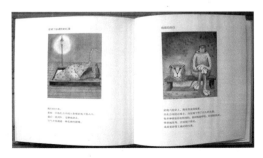

图4-2-4 《听几米唱歌》

秀的网格版式设计是设计师灵活而创造性地将设计技巧和书籍内容应用在网格形式中的结果。因此,设计者在进行设计前要深刻了解书籍内容,明确设计目的,利用网格设计原理,预测设计效果和读者反应,使网格成为设计者的工具,为自己的设计思维和书籍内容服务。只考虑网格结构而忽略其他,这样的网格就会成为一种约束,使版面变得呆板拘束,妨碍设计的最佳表达。

图4-2-8 报纸中网格设计的运用

图4-2-6 现代杂志中网格设计的运用

图4-2-7 《设计东京2.0》

图4-2-9 杂志内页中以水平横竖线划分网格,版面设计具有韵律,整体性强

图4-2-10　杂志内页中以横斜线和竖线划分网格,严谨而不失活泼,设计感强

础,强调和崇尚自由配置,灵活把握。版式设计的成功与否完全取决于设计者敏锐的设计感觉、设计经验和艺术修养,以此来把握版面的整体元素的相互适应,达到统一协调。经验丰富的设计师易于构造活泼而富有变化的版式,但如果是一名缺少经验的设计师采用这种方法则会适得其反,使版面混乱不堪、不可收拾。所以在选择版式设计方法前一定要慎重。

图4-2-11　儿童读物中运用自由版式,活泼有趣味感

4.2.3　自由版式设计

自由版式的雏形源于未来主义运动,大部分未来主义平面作品都是由未来主义的艺术家或者诗人创作,他们主张作品的语言不受任何限制而随意组合,自由编排,其特点是主要利用文学作为基本材料组成视觉结构,强调韵律和视觉效果。

自由版式设计同样必须遵循设计规律,同时又可以产生绘画般的效果。根据版面的需要,某些文字能够融入画面而不考虑它的可读性,同时又不削弱主题,重要的是按照不同的书籍内容赋予它合适的外观。它不受铅字框架的限制,相对网格版式设计,则以感性为基

图4-2-12　杂志内页 图片的自由与文字的严谨搭配,恰到好处

图4-2-13　现代设计中的自由版式运用

4.3　现代书籍的版式设计

文字、图形、色彩在版式设计中是三个密切相联的表现要素，就视觉语言的表现风格而言，在一本书中要求做到三者相互协调统一。书籍本身有许多种形式，在版式设计上要求各异。

4.3.1　纯文字编排

纯文字群体的主体是正文，全部版面都必须以正文为基础进行设计。一般正文都比较简单朴素，主体性往往被忽略，常需用书眉和标题引起注目。然后通过前文、小标题将视线引入正文。正文设计的主要任务是方便读者，减少阅读的困难和疲劳，同时给读者以美的享受。

常用的编排类型有：左右对齐，即把文字从左端至右端的长度固定，使文字群体的两端整齐美观；行首取齐，指将文字行首取齐，行尾则随其自然或根据单字情况另起下行；中间取齐，将文字各行的中央对齐，组成平衡对称美观的文字群体；行尾取齐指固定尾字，找出字头的位置，以确定起点，这种排列奇特、大胆、生动 。

（1）版心设计

版心也称版口，指书籍翻开后两页成对的双页上容纳图文信息的面积。这种双页上对称的版心设计我们称为古典版式设计，是书籍千百年来形成的模式和格局。

版心在版面的位置，按照中国直排书籍的传统方式是偏下方的，上白边大于下白边，便于读者在天头加注眉批。而现代书籍绝大部分是横排书籍，版心的设计取决于所选的书籍开本，要从书籍的性质出发，方便读者阅读，寻求高和宽、版心与边框、天地头和内外白边之间的比例关系。

图4-3-1　常见纯文字编排示意图

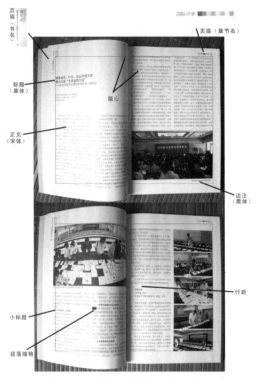

图4-3-2　常见纯文字编排示意图

它的笔画较细，阅读时间长了容易损耗目力，效果不如宋体，因此不宜排印长篇的书籍。

黑体的形态和宋体相反，横竖笔画粗细一致，虽不如宋体活泼，却因为它结构紧密、庄重有力，常用于标题和重点文句。由于色调过重，不宜排印正文。而由黑体演变而来的圆黑体，具有笔画粗细一致的特征，只是把方头方角改成了圆头圆角，在结构上比黑体更显得饱满充头，有配套的各种粗细之分，其细体也适用于排印某些出版物。

楷体的间架结构和运笔方法与手写楷书完全一致，由于笔画和间架不够整齐和规范，只适合排小学低年级的课本和儿童读物，一般的书不用它排正文，仅用于短文和分级的标题。

（2）字体和字号

字体是书籍设计的最基本因素，它的任务是使文稿能够阅读，字体在阅读时往往不被注意，但它的美感随着视线在字里行间里移动，会产生直接的心理反应。因此，当版式的基本格式定下来以后，就必须确定字体和字号。常用设计字体有宋体、仿宋体、楷体、黑体，其次包括圆体、隶书、魏碑体、综艺体等。

宋体的特征是字形方正，结构严谨，笔画横细竖粗，在印刷字体中历史最长，用来排印书版，整齐均匀，阅读效果好，是一般书籍最常用的主要字体。

仿宋体是摹仿宋版书的字体。其特征是字形略长，笔画粗细匀称，结构优美，适合排印诗集和短文，或用于序、跋、注释、图片说明和小标题等。由于

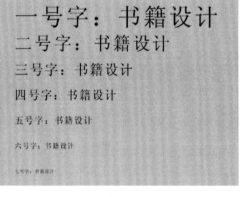

图4-3-3　字号对应示意图

	印刷体	美术体	
宋体	书籍设计	书籍设计	方正康体繁体
仿宋体	书籍设计	书籍设计	方正黄草简体
黑体	书籍设计	书籍设计	方正胖头鱼简体
楷体	书籍设计	书籍设计	方正剪纸繁体
隶书	书籍设计	书籍设计	方正彩云繁体

图4-3-4　字体示意图

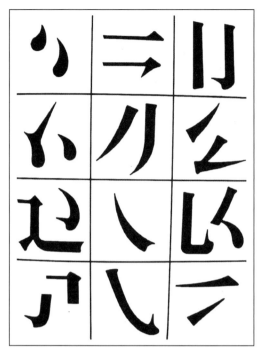

图4-3-5　宋体字笔画特点

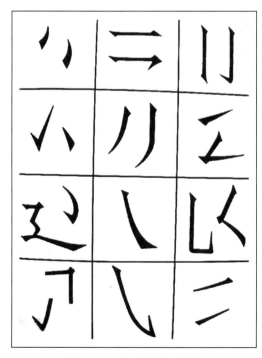

图4-3-6　仿宋字笔画特点

图4-3-7　黑体字笔画特点

　　也有一些创意字体需要直接借助电脑软件创制，或者靠手绘创制出基本字形后扫描在电脑软件中加工。每本书不一定限用一种字体，但原则上以一种字体为主，其他字体为辅。在同一版面上通常只用二至三种字体，字体过多会使读者视觉感到杂乱，妨碍视力集中。

　　书籍正文用字的大小直接影响到版心的容字量。在字数不变时，字号的大小和页数的多少成反比。一些篇幅很多的廉价书或字典等工具书不允许出得很大很厚，可用较小的字体。相反，一些篇幅较少的书如诗集等可用大一些的字体。一般书籍排印所使用的字体，9P－11P的字体对成年人连续阅读最为适宜。8P字体使眼睛过早疲劳。但若用12P及以上的字号，按正常阅读距离，在一定视点下，能见到的字又较少了。大量阅读小于9P字体会损伤眼睛，应避免用小号字排印长的文稿。儿童读物须用36P字体。小学生随着年龄的增长，课本所用字体逐渐由16P到14P或12P。老年人的视力比较差，为了保护眼睛，也应使用较大的字体。

字号的对应关系：

一号字=27.5P=38K

二号字=21P=32K

三号字=16P=24K

四号字=13.75P=20K

五号字=10.5P=15K

六号字=8P=11K

七号字=5.25P=8K

图4-3-9 日本书籍运用书法形式表现，刚劲有力

图4-3-8 《足球宝贝》保留手写体的笔触，活泼有亲和力

图4-3-10 儿童读物常使用较大文字，便于阅读

（3）字距和行距

字距指文字行中字与字之间的空白距离，行距指两行文字之间的空白距离。一般图书的字距大都为所用正文字的五分

之一宽度，行距大都为所用正文字的二分之一高度，即占半个字空位。但无论何种书，行距要大于字距。

的书籍，每行字数不是很多时，起行也有只空一格的。段落起行的处理是为了方便阅读，也有一些书，从书籍的性质和内容出发，采用首写字加大、换色、变形等方法来处理。

图4-3-11 《岁寒三友：中国传统图形与现代视觉设计》

图4-3-12 儿童读物中通过加大字号来进行重点标志

图4-3-13 英文排版中首字母重点突出

（4）重点标志与段落区分

在正文中，一个名词、人名或地名；一个句子或一段文字等可以用各种方法加以突出使之醒目，引起读者注意。在外文中，排装正文的斜体是最有效的和最美观的突出重点的方法。在中文中，一般用黑体、宋黑体、楷体、仿宋体及其他字体，以示区别正文。

一般书籍的正文段落区分采用缩格的方法。每一段文字的起行留空，一般都占两个字的位置，也就是缩两格，但多栏排

图4-3-14　杂志内页通过下画线及色彩处理突出重点

（5）页码与页眉

　　页码是书籍的每一页面上标明次序的编码或其他数字，用以统计书籍的面数，可以使整本书的前后次序不致混乱，便于读者检索。多数图书的页码位置都放在版心下面靠近书口的地方，与版心距离为一个正文字的高度。也有将页码放在版心下面正中间，上面、外侧和里面靠近订口的。排有页标题的书籍，页码可与页标题合排在一起。

　　当图书某页面为满版插图或在原定标页码部位被出血插图所占用时，应将页码改为暗码。还有一些图书正文直接从"3、5、7"等页码数开始，前面扉页、序言页等并没排页码，这类未标页码的前几页码被称之为空页码，这些情况时不注页码但占相应页码数。在设计页码时应把握装饰和布局与书籍整体性的统一。

　　页眉又称页标题，指设在书籍天头上比正文字略小的章节名或书名。页眉常排在同行的页码内侧，通常页眉下还加一条长直线被称为书眉线。页眉的文字可排在

居中，也可排在两旁。通常放在版心的天头或地脚处。

图4-3-15　《杭州城市标志诞生记》加入色块丰富页眉设计

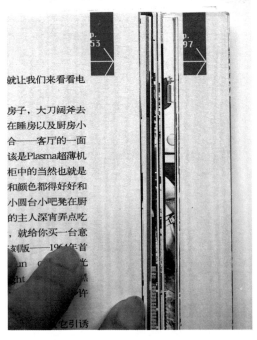

图4-3-16　《设计私生活之二：放大意大利》

图4-3-17 《图形语言》

（6）注文

注文是对正文中某一名词、某一句、某一段文字等所加的解释。常用的有夹注、脚注、后注、边注四种。

夹注指注文夹排在正文中间，紧接着被解释的正文后面。夹注的条件是注文很少或要注释的字数不多，用于与正文字同号的字，前后加排括号或破折号直接进行解释。脚注是把本页的注文集中放在版心内正文下方的位置，顺序分条排列。这种脚注和正文在同一页上，既保持了版面的完整又便于读者检阅，是一种最合理的方式。后注是把书籍中所有的注文用连续数字标出，集中顺序在正文的后面进行注释，亦称书后注。该页的注文排在本面的末尾，称页后注；另外还有篇后注，段后注等。边注则是从画册中图片的注文形式发展来的，一般用于科技书籍、画册图片的编号和简短的注释。

注文的字体应比正文字体小一号或两号，行距也应相对缩小。注文必须放在版心以内，可以用一空行或加一条细线与正文隔开。

纸、书写纸、凸版纸、铜版纸、白板纸、哑光铜版纸等。

纸张重量：即纸张的厚度，以定量和令重表示。定量又称克重，就是纸张每平方米的重量，以克/平方米（g/m^2）表示。令重表示每令纸张（500张）的总重量。

除此之外，还有些常用纸张：硫酸纸（植物羊皮纸），呈半透明状，纸页的气少，纸质坚韧、紧密。广泛地用于高级地图、画册、高档书刊等的印刷，书籍的环衬（或衬纸）、扉页等。压纹纸是专门生产和一种封面装饰用纸。纸的表面有一

图4-3-18 夹注

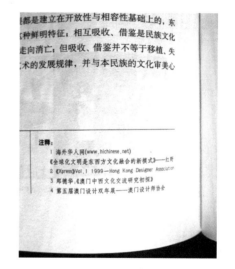

图4-3-19 脚注

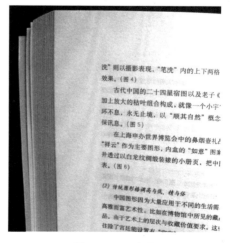

图4-3-20 后注

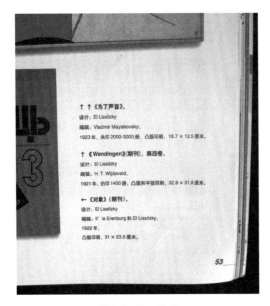

图4-3-21　边注

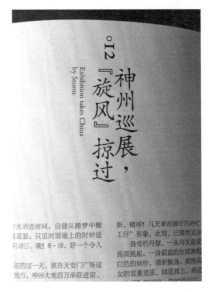

图4-3-22　《艺术游侠·李自健》章节标题采用
竖式排版

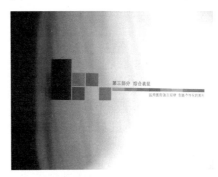

图4-3-23　《图形语言》将章节单独安排页
面，并加入色块处理加强书籍整体性

（7）标题

书籍中的标题有繁有简，一般文学创作仅有章题，而学术性的著作则常常分部分篇，篇下面再分章、节、小节和其他小标题等，层次十分复杂。为了在版面上准确表现各级标题之间的主次性，除了对各级字号、字体予以变化外，版面空间的大小，装饰纹样的繁简，色彩的变换等都是可考虑的因素。重要篇章的标题必要时可从新的一页开始，排成占全页的篇章页。标题的位置一般在版心三分之一到六分之一的上方。也有追求特殊效果把标题放在版心的下半部。应避免标题放在版心的最下边，尤其在单页码上，更要注意不要使标题脱离正文。副标题在正标题的下面，通常用比正标题小一些的另一种字体。

图4-3-24　《设计东京2.0》夸张字号加强效果

图4-3-25 杂志内页的标题处理

4.3.2 图文结合编排

图文配合的版式，排列千变万化，但有一点要注意，即先见文后见图，图必须紧密配合文字。由此可以分为三种，即以图为主的版式、以文字为主的版式、图文并重的版式。

（1）以图为主的版式

儿童书籍以插图为主，文字只占版面的很少部分甚至没有。除插图形象的统一外，版式设计时应注意整个书籍视觉上的节奏，把握整体关系。图片为主的版式还有画册、画报和摄影集等等。这类书籍版面率比较低，在设计骨格时要考虑好编排的几种变化。有些图片旁需要少量的文字，在编排上与图片在色调上要拉开，构成不同的节奏，同时还要考虑与图片的统一性。

图4-3-27 期刊杂志中以摄影图片为主，文字为辅进行说明

图4-3-28 处理杂志内页中文字与图片时，需注意文字的可视

图4-3-26 儿童书籍以图为主

图4-3-29 杂志内页中文字在图上的处理

（2）以文字为主的版式

以文字为主的一般书籍，也有少量的图片，在设计时要考虑书籍内容的差别。在设计骨格时，一般采用通栏或双栏的形式，能较灵活地处理好图片与文字的关系。

图4-3-33　外国刊物 灵活的骨格使页面设计更加丰富

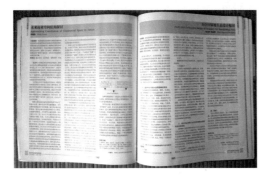

图4-3-30　《装饰》较宽的开本适合分三栏，避免阅读的疲劳

图4-3-31　《杭州城市标志诞生记》

（3）图文并重的版式

一般文艺类、经济类、科技类等书籍，采用图文并重的版式。可根据书的性质及图片面积的大小进行文字编排，采用均衡、对称等构图形式。

现代书籍的版式设计在图文处理和编排方面，大量运用电脑软件来进行综合处理，带来许多便利也出现了更多新的表现语言，极大地促进了版式设计的发展。

图4-3-32　外国刊物 通过对文字色彩的处理增加页面的跳跃度

图4-3-34　《设计东京2.0》

VeggiePatch

23

Does the view look tasty to you? Designer Joanna Szczepanska created edible landscapes for urban places. Using recycled materials, vermicomposting, irrigation technology and Permaculture principles, VeggiePatch allows city dwellers to grow their own food in restricted urban areas. The result: fresh veggies, less food miles, no packaging or waste water used in flood irrigation at the beginning of the food production cycle and not to forget, a funky landscape.

Lifestraw

More than 1 billion people do not have access to clean drinking water. However, a 10-inch plastic cylinder that can filter out or kill bacteria, parasites and some viruses can change this. And the best part: it only costs 65 a year for one person to have access to drinking water.

Soap Sink

Challenged with getting people to save water, designer Alon Meron came up with the idea of an eroding sink. The more water you use, the less sink you will have left as it is made of soap! The Soap Sink visualises the effect of water and makes you hurry up when you leave the tap running.

图4-3-35 《天天饮食家常菜烹饪妙招秀》

图4-3-36 利用分栏将图文均衡处理

作品点评

练习1：建筑作品展示——White House（3 pages）

图4-3-37

作品整体性强，针对主题进行合理的版面分栏分区；节奏轻快，层次分明；色彩统一，细节处理打动人心。但是中间页面正文文字的字间距需调整。

图4-3-38

作品整体布局合理，通过色彩的处理凸显文字功能的不同和整体饱满度。但是在红色块处理上需斟酌，使画面更精致。

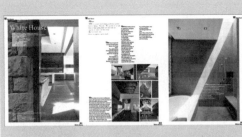

图4-3-39

巧妙运用图片视觉的延展性安排文字，版式安排严谨但不呆板。但需注意页码页眉的处理注意层次，不易过于琐碎。

图4-3-40

布局安排基本合理，P1文字与图片的处理有一定想法。但P3版式处理较满，膨胀感强。

图4-3-41

文字编排以左对齐为主，分栏合理，整体性强，符合主题内容气质。但标题的层次处理较单薄，需调整。

练习2：江南水乡——乌镇（3 pages）

图4-3-42

色彩处理统一，动静结合节奏感强。但在文字的处理上需加强对齐方式以及字体字号的选择。

图4-3-43

图片的间距需缩小，页码处理不足，正文字号的选择不够统一。

图4-3-44

大胆使用满版插图，对文字的版式处理恰到好处，但是标题略显不足。

图4-3-45

通过网格将页面划分出均衡感，文字细节的处理丰富。但是图片的安排上有"潦草堆砌"之嫌，裁切时应注意其功能性。

图4-3-46

图片和文字层次分明，更有条理；色彩的运用加强了页面的整体性。如何将稳重严谨和活泼自由结合得恰到好处，还需加强深入训练。

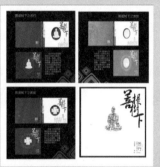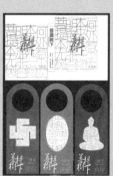

图4-3-47~图4-3-49　《菩提树下》何雨蒙

　　《菩提树下》系列丛书一共分为三本，即菩提树下之——苦行篇、娑婆篇、浮世篇。《菩提树下》系列书籍记载的故事以令人直视生命、感悟大智慧、感悟空灵的佛学禅思的传奇事迹为主。如何运用形态语言阐释浮世的"空"与佛学的"丰富"这一概念是本书版式设计的主要目标。

　　书籍选用正方形开本突显佛家思想的智慧与经典，形态简约、精巧，也体现了佛家对于浮世的繁华反而证悟到的空灵与空性。书籍运用现代版式设计方式，单纯简洁。虽然简约但封面并不失可看性，着力点在于封面居中的符号化图形，用叠加的文字充实，图中有字、字化为图，体现了佛学思想多维丰富的变化。三种图形皆体现了佛家思想的寓意与象征：分别是佛陀打坐的形象、万字符形与明镜的形象。此书开本的正方形外形与封面的图形符号交相呼应，图形的曲线与外形的方正既明快对比又协调互补，形式感突出，可以从古典书籍设计中跃然而出。

课后训练

① 书籍设计中版式设计的基本元素是什么?

② 书籍设计的典型风格包括哪几种?

③ 在进行书籍正文设计时应注意什么?

④ 版式的实践应用训练。

作业要求:根据所提供的文字及图片素材,完成固定主题的版式实践。

作业数量:2~3页面

建议课时:4课时

作业提示:分析素材特点,控制主题方向,注重版式细节和视觉氛围的把握。该练习需根据学生及课时具体情况安排难度要求。

拓展阅读

① 学习网站:

http://www.pyramyd-editions.com/

http://www.interviewmagazine.com/

② 阅读书籍:

《版式设计+》,王绍强编著,中国青年出版社

《设计中的设计》,原研哉(日)著,革和,纪江红译,广西师范大学出版社

第5章
书籍设计之插图

▪ 学习目标

　　培养学生对插图设计的兴趣与认识，学会欣赏优秀的书籍插图设计。了解插图设计的概述，明确书籍设计中插图的特点与分类，掌握插图设计的表现方式及使用方法。由此提高学生对插图设计的理解及设计能力。

▪ 重难点

　　根据书籍内容进行插图创意设计，目的在于能通过插图设计打动阅读者，使得其能在插图中读懂书籍作者的用意、书籍内容的中心，并能渲染阅读的良好氛围。

▪ 训练要求

　　本章主要阐述了插图设计在书籍设计中的表现与应用。通过大量临摹中外优秀的插图设计，培养学生观察、表现手法的独特性。在学习的过程中学会将插图与书籍整体设计相结合，达到完美统一。

5.1 插图设计的概述

插图，顾名思义即插在书刊文字间的图形；在拉丁文"LLUSTRATE"中表示解释、说明、生动的叙述。在中国古代常以图书并称，所谓"凡有书必有图"。表达了字画同源的关系，也说明了插图这一艺术形式的起源。

在现代设计观念中，插图作为一种造型艺术形式运用图形对文字所表达的思想内容作艺术的解释和视觉的传达。随着科学技术的发展和应用范围的扩大，插图设计从形式、风格到题材、内容上都发生了巨大变化。应用范围之广可以包容一切平面设计中所有图形部分，因而在进行插图设计时，必须具备良好的创作因素、主观意念、审美意识。

图5-1-3 《THE GREEN SHIP》手绘插图封面生动有灵气

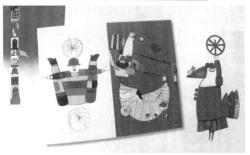

图5-1-1~图5-1-2 儿童读物中的插图

图5-1-4~图5-1-7 儿童读物中不同风格的插图设计

图5-1-8 运用摄影手法完成的插图

图5-1-10 清新简洁的插画风格

图5-1-9 电脑技术在插图设计的运用

5.2 插图设计在书籍中的表现

插图设计是书籍艺术中的一个重要部分。相对书籍的各部分来说，插图无疑是最具魅力的，也是最能把书籍内容表现为可视的艺术形象的。

5.2.1 任务与特点

插图设计具有用艺术形象再现文学作品，帮助读者深化对文学作品的理解并加强文学形象的艺术感染力，同时美化书籍装饰作用的任务。

插图设计具有从属性和独立性两大特点。

从属性是指插图的主题思想是由文学的内容所规定的，它是一种从属于文学的造型艺术。插图家必须正确和深刻地反映作品的思想内容，与原作中描写的环境、人物、时间、地点等吻合，否则就不成其为插图，更谈不上与文学作品相配合统一了。

图5-2-1　现代艺术插图设计

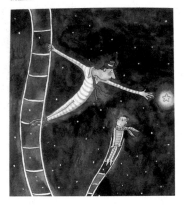

摘星星

摘不到的星星，总是最闪亮的。
溜掉的小鱼，总是最美丽的。
错过的电影，总是最好看的。
失去的情人，总是最懂我的。
我始终不明白，这究竟是什么道理。

图5-2-4　《听几米唱歌》

图5-2-2　儿童读物插图与书籍内容统一

图5-2-5　科普读物中的插画与文字巧妙编排

图5-2-3　《人生若只如初见》

　　而独立性则理解为插画造型是视觉的艺术，它将文学形象进行升华和再现，在某种意义上具有完整独立的存在欣赏价值，使可读性和可视性合二为一，加强读者的阅读兴趣。这也正是古今中外大量优秀文学插图设计作品能流传千古的原因。

图5-2-6 儿童书籍插图-1

图5-2-7 儿童书籍插图-2

图5-2-9 插画透出强烈的东南亚风格

图5-2-8 摄影插图具有真实性

图5-2-10 浪漫唯美的插图烘托氛围

图5-2-11　浓烈的色彩具有异域风情

图5-2-12　风格前卫的艺术插图

5.2.2　基本分类

（1）艺术插图

亦称文学插图，指以诗歌、散文、小说、戏剧文学等文学作品为前提所作的插图设计。

艺术插图选择书中有意义的人物、环境，用构图、线条、色彩等视觉因素去完成形象的描绘，具备了对文学作品的装饰功能和对文学形象的艺术表现功能。它加强文学书籍的艺术感染力，给读者以美的享受，对书中精彩的描述留下深刻形象的印象。最终达到使文学作品具有持久的生命力的目的。

图5-2-13　运用点的重复构成和摄影图片的结合

图5-2-14 运用艺术插画的元素具有装饰效果

图5-2-17 大胆明快的色彩和简洁的图形

图5-2-15 大胆夸张的艺术性图形设计

图5-2-18 电脑技术的运用使图形大气醒目

图5-2-16 儿童书籍中插图的艺术化处理和构图强化艺术氛围

图5-2-19 浓烈的色彩和夸张的手绘具有艺术性

（2）技术插图

亦称科技插图，指用于科技读物及历史地理、医学、科普书刊，以帮助读者理解书中内容、补充文字难以表达意思的图画。技术插图是在科学技术持续发展并对人类社会发生影响的过程中产生的，它用以传达真实自然界的信息、解释和反映景观状态，因此它的形象性语言应求真实、准确、简洁，有条理。

技术插图种类繁多，几乎涉及各种自然学科，如解剖学、物理学、光学、生物学、植物学等。通常以示意图、图解、图表、结构图、原理图等形式出现。它与艺术性插图是完全不同的，更加注重理性的严谨和准确。但这并不代表它不具有艺术性，技术性插图同样可以在形式和技巧上加强艺术性。近来在日本和美国，科普图书的插图在这方面有很大的突破，创作出了一批富有创造性并脍炙人口的科技插图，值得我们学习借鉴。

图5-2-21　《设计东京2.0》

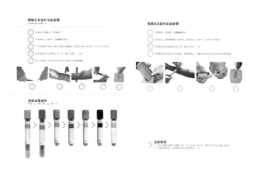

图5-2-20　医学书籍中的技术插图

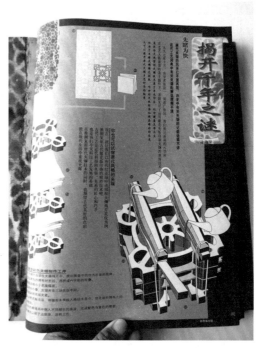

图5-2-22　《夹缬》工艺流程图

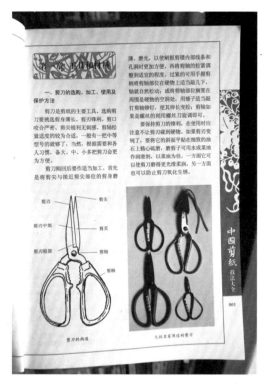

图5-2-23 《中国剪纸技法大全》结构示意图

图5-2-24 烹饪饮食书籍中的牲畜解剖图

图5-2-25 时尚杂志内页的礼仪示意图

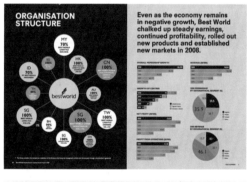

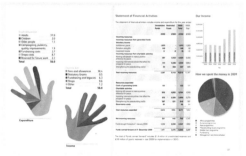

图5-2-26~图5-2-27 抽象的图表处理，直接明了

5.2.3 表现形式

（1）独幅插图

即展开书籍时一面为文字另一面为插图，或整版都是插图。这种版式设计的关键在于文字与插图的均衡关系，因文字版是按版心统一编排的，所以插图的大小及位置所在，均以版心来定，以视觉舒适，空间搭配合理为佳。

图5-2-30　《艺术游侠·李自健》插图

图5-2-28　杂志内页的满版插图

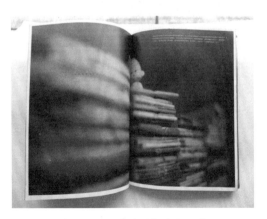

图5-2-29　《面子》奇文云海

图5-2-31　儿童读物中的满版插图

图5-2-32　日本书籍中的摄影作品遵循版心的安排

图5-2-34　《艺术游侠·李自健》-1

图5-2-35　《艺术游侠·李自健》-2

（2）文中插图

即图、文相互穿插，形成一个整体的版面。这类版式除了文字部分受到版心外框限制外，还受到插图轮廓的影响。字句要依轮廓形成长短不一的排列，是适形造型的一种版面风格。这种版面的编排活泼、趣味性强，图文相互依存。但要值得注意的是图文搭配不当将会给读者的视觉造成一种混乱感，影响前后文字的连贯。

图5-2-36　图文巧妙编排具有趣味性

（3）固定位置放图

即图的比例、大小、尺寸、位置相同。往往存在于中国的古代书籍版式设计，如上图下文，有点近似现代化的连环画，可同版雕刻印刷，同色同版，统一协调，天然合一，风格一致。

图5-2-33　文字与图片巧妙结合，整体性强

图5-2-37 《2009特尔纳瓦国际海报双年展作品集》

图5-2-38 儿童书籍中固定位置放图的运用

图5-2-39 国外杂志内页-1

图5-2-40 国外杂志内页-2

作品点评

图5-2-41 《惬意生活——DIY家常美食系列》-1 贺瑞敏

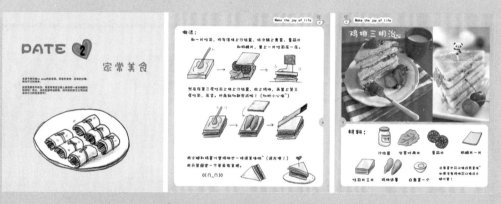

图5-2-42 《惬意生活——DIY家常美食系列》-2 贺瑞敏

图5-2-43 《惬意生活——DIY家常美食系列》-3 贺瑞敏

　　《惬意生活——DIY家常美食系列》是一本比较轻松的书。本书提供各种美食菜谱及做法,图文并茂地介绍各种口碑小吃,为广大美食爱好者提供一个美食交流平台。

　　本书中大量运用插图,这些插图不仅突出本书主要内容,帮助观者理解各种美食的做法、用料、步骤等内容,更能增强整本书艺术的感染力。书中主要采用艺术插图,用两种手法进行表述。一种是具象的插图表现,采用真实拍摄的手法充分表述各种美食的色泽鲜亮、美味可口,使人们敢于、急于尝试制作各种美食。另一种表现是彩铅手绘绘制,运用轻松自由的图表来说明各种美食的原料、制作步骤等,让人读起来清晰明了、容易理解。优美的手绘图可以加强本书的艺术格调。

　　在表现形式上采用独幅插图、文中插图、固定位置放图多种手法相结合。如封面应用独幅插图来展现,用一幅"厨房一角"彩铅手绘图来说明本书的主要内容与风格定位。正文中多运用文中插图的形式进行阐述各种美食的制作过程,并在各种美食介绍首页的固定位置放置美食的摄影图片来进行展示。

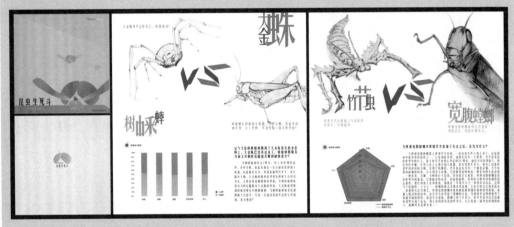

图5-2-44　《昆虫生死斗》-1 曹博

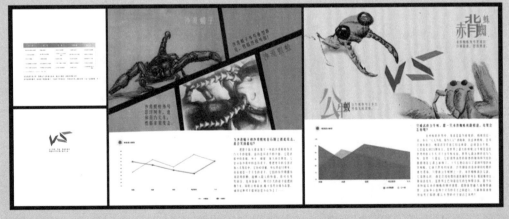

图5-2-45　《昆虫生死斗》-2 曹博

　　《昆虫生死斗》主要讲述了草地上那些小小斗士的凶狠毒辣。掠食者们如何在一对一的决斗中求生、侵占地盘和争夺大餐，如何狩猎、交配，以及它们最关键的攻击战术。书中多以插图形式表现昆虫间的争斗大战，插图部分以两种表达形式为主。以手绘的素描形式展现每个昆虫最具特征的局部，并以图表分析的形式分析了每组昆虫的大小、防御、速度、残忍程度、武器等各方面的差异，清晰明了、表达准确。在表现形式上以固定位置放图为主，在封面与扉页部分以独幅插图出现。每页的图文编排视觉层次清晰、节奏强烈、主题突出。

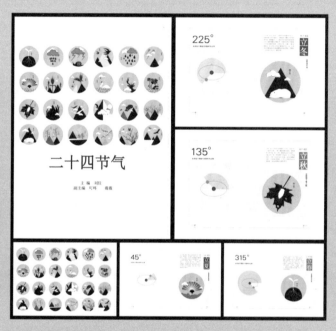

图5-2-46　《二十四节气》刘佳

　　《二十四节气》书籍设计"春有百花秋有月，夏有凉风冬有雪"，本书主要介绍了二十四节气，用四种不同的颜色来表示春夏秋冬，四种不同的颜色代表了四个季节不同的气质。

　　书籍设计最有创意的一点是把中国民俗中的传统文化知识转化为有趣的插图设计，让现在的年轻人更易于了解和接受。将每个节气最有代表性的实物用图形的形式传达给受众，把枯燥无味的二十四节气用图形去表现，看起来更直观，且趣味性更强，更容易让受众接受和理解，让读者对书籍所传达的内容一目了然。

　　书籍的整体排版看起来大气简洁，并且书籍整体风格很统一，设计感很强，现代与传统结合得很到位。

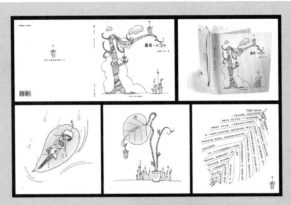

图5-2-47　《最后一片叶子》钱晨颖

　　《最后一片叶子》描写一位老画家贝尔曼先生，他在生命的最后时刻，为身患肺炎的穷学生琼西画出了一片"永不凋落"的长春藤叶，编造了一个善良且真实的谎言。

　　设计师用故事的主线叶子为基本元素进行了整体设计，从书中的插画绘制到版式设计都运用了树叶的形态。设计师以手绘插画的艺术手法表现生命的纯真，用一抹淡绿点亮生命的希望。巧妙的文字编排为整本书的设计又添了一份趣味性，融形于情。读者在阅读时，视觉印象里始终有一片叶子并以此对生命充满希望，达到书籍阅读的目的。

课后训练

　　① 插图设计的特点是什么？

　　② 插图设计在书籍设计中的表现形式是什么？

　　③ 插画设计实践。

　　作业要求：自选主题，根据书籍内容完成插图设计实践4则以上。

　　作业提示：可自编故事文本，亦可为现有书籍设计，注重分析书籍性质及内容，选择恰当的表现手法及形式进行设计。

拓展阅读

　　① 学习网站：

http://www.foam.org/magazine

http://www.neshanmagazine.com/

　　② 阅读书籍：

《idea+》，作 者：DTPWORLD编著，黄文娟译，中国青年出版社

《设计师的设计日记》，南征编著，电子工业出版社

第6章
书籍设计之实践

▪ 学习目标

通过对书籍整体设计的认识与学习，了解书籍整体设计的概念和现代优秀书籍设计的标准，把握书籍整体设计的基本原则，掌握书籍整体设计的程序步骤。

▪ 重难点

通过设计实践过程的学习，掌握书籍设计的步骤和设计原则，并将其熟练运用于设计实践中，探索新的设计方法和形式，创作出优秀的书籍设计作品。

▪ 训练要求

通过对优秀书籍设计的综合分析，加强对书籍设计的整体性认识。同时学习优秀书籍设计师的设计观念和案例分析，掌握设计规律和创作方法，理论联系实践独立完成书籍整体设计。

6.1 整体设计概述

书籍设计是一种立体的思考行为。随着书籍设计的迅速发展，那种以绘画式的封面，以永远不变的正文版面为基点的"外包装"装帧已不符合现代读者的需求。现代书籍设计应是在整体的艺术观念指导下对组成书籍的所有内容进行悟性的理解、知性的整理、周密的计算、精心的策划、节奏的把握、工艺的运筹等，进行一系列有条理、有秩序的整体构建、协调统一的设计。它利用文字、图形、色彩和版式四大要素，包含着封面、环衬、扉页、序言、目次、正文、各级文字、图像、饰纹、空白、线条、标记、页码等内在组织体到材料、印刷、装订的外在形式，从"皮肤"到"血肉"的三维的有条理的再现和构造。

整体设计是书籍设计的灵魂。只有当书籍设计者从整体出发进行布局构想，在形式和内容、审美与功能方面达到和谐统一，才能使书籍各种构成因素相互配合，做到表里如一，形神兼备。

如图6-1-1~图6-1-3《小红人的故事》，书籍叙述了作者在乡间进行文化采风考察的深切感受，及作者创作剪纸小红人的故事。书籍从书函至书芯、纸质到装订样式、字体选择至版式排列及封面的剪纸小红人的设计，都巧妙地运用中国设计元素，使形式与内容浑然一体，极具个性。

而图6-1-4~图6-1-6《守望三峡》一书中，封面上似字非字的草书"守望三峡"，准确地表现了三峡沧桑丰富的文化积淀和变迁的悲壮与气魄。全书以视框的图形记号贯穿，较好地将语言视觉图像运用得恰如其分，具有节奏感。强烈的氛围使读者感动，产生共鸣。

图6-1-1 《小红人的故事》-1 全子

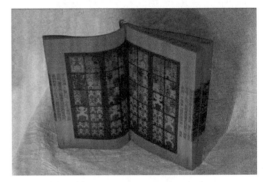

图6-1-2 《小红人的故事》-2

图6-1-3 《小红人的故事》-3

图6-1-4 《守望三峡》-1 小马哥·橙子

图6-1-5 《守望三峡》-2

图6-1-6 《守望三峡》-3

6.2 整体设计原则

书籍设计的整体过程是具有"命题性"的，它必须根据书籍内容进行构思、创作和设计，即"立意"。因而，

立意是书籍设计需要把握的基本原则。所谓"意"即意境，设计者要设计出独特的艺术意境，就必须研究该书的内容和特点，把自己对书的认识理解转化为设计者的意象，而后寻找适合的艺术形式加以表现。

书籍整体设计的过程中封面的设计是关键，要求立意新，忌讳图解化。图形的立意既要体现书的内容，又要在视觉心理上引起读者审美意识的共鸣，以独特的艺术语言来表达书的精神内涵。在把握具体的设计元素时要求合理地安排配合，并选择恰当的构图方式进行构成，在对立中寻找统一，对比中寻找柔和，统一中寻找变化，以求封面的整体设计更加趋于完美和谐。

（1）主题性

书籍设计离不开书籍的内容，要体现主题思想与内容。书籍设计应以特有的艺术语言和设计规律来体现书籍的精神内涵，把设计者的意念转化为书籍的形象，以充分体现设计者的设计思想。

图6-2-1 《武汉印象》学生：陈然 指导老师：李金莉

图6-2-2 《面子》奇文云海 关于书籍设计的书，形式和内容的统一，纸张的运用和版式的处理，加强了主题的表达，给读者留下深刻印象

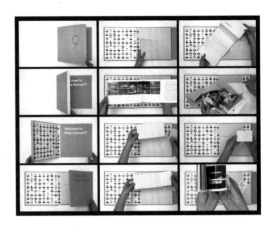

图6-2-4 独特的设计和组织使阅读变成一件愉悦的事情

（2）艺术性

书籍设计是一门融合了多种艺术形式的门类学科，它涉及范围极其广泛。为了表现书籍的主题思想与精神内涵，设计者要多角度使用与其相适应的艺术形式及表现方法，尽可能地使其成为具有独特创意的艺术形象。

（3）装饰性

书籍设计是通过图形、文字、色彩及构图来反映书籍内容的，其应概括提炼书籍的基本精神，用独特的图形视觉语言吸引读者，帮助读者加深对书籍内容的理解，并使读者得到美的享受。

图6-2-3 中国四大著作系列 利用中国传统装帧手法加强书籍的艺术性和氛围

图6-2-5 文字的设计形成独特的视觉符号贯穿全书，趣味性强

图6-2-6 运用材料进行装饰加工，吸引读者注意力

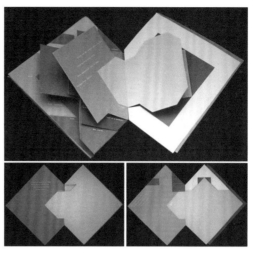

图6-2-8 异形纸张的运用和阅读角度颠覆传统，具有新颖性

（4）新颖性

设计者既要继承传统，又要有创新开拓意识，要学会吸收国内外新的设计观念，运用现代工艺与科技手段，设计出既新颖又具有时代特征的艺术形象。设计要求追求个性民族的艺术风格，培养艺术形式反映生活，才能为广大读者民众所接受和理解。

图6-2-7 《心情》学生：李姣指导老师：李金莉

图6-2-9 新颖材料的运用，使书籍焕发新的生命力

6.3　整体设计程序

① 调查分析

在确定选题后，调查分析是设计的第一步，分为两个方面。第一，选题一般都是由作者和编辑们完成，设计者应多与作者和编辑沟通，不能单纯地根据自己的喜好进行思考。特别是要对本书的内容进行了解和分析，并听取作者和编辑的意见。第二，要进行必要的市场调研。市场调查有助于设计者了解同类书籍的读者群、价位、装帧风格以及开本、工艺、材料等方面，为后期设计搜集素材。以休闲类书籍《小爱甜点屋》（设计师：何臻）为例。

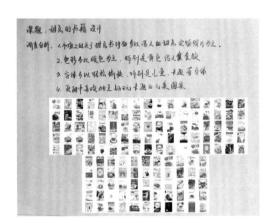

图6-3-1　调查分析归纳

② 素材准备

根据本书的内容收集相关的图片和文字资料。检查作者和编辑提供的原稿图片像素是否符合印刷要求，结合书籍内容整理图片并替换不合格图片。文本的章节部分细细阅读，图片与文字的内容和位置要呼应。与此同时要认真阅读原稿，原稿是书籍设计的对象，设计师从构思到最终印刷成品都需要忠实于原稿，为原稿服务。

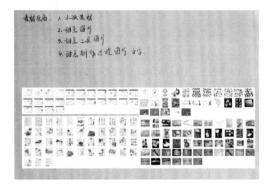

图6-3-2　素材准备

③ 构思设计

书籍被誉为"盛纳知识和传递信息的容器"，书籍设计则是关于书存在的形式艺术。它涉及到书的形态和结构艺术，它是封面、字体、版面、插图、开本形式、装订方式、材料和印刷相结合的产物。因此书籍在进行全面设计之前要进行比较全面的构思，要综合考虑诸要素之间的搭配等问题。根据文本内容、读者对象、成本规划和设计要求，制定相应的设计形态和风格的定位。

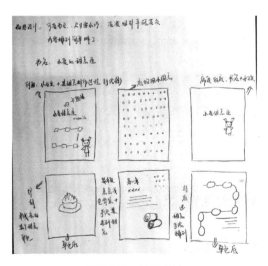

图6-3-3　构思设计

④草图方案

明确设计思路，确定需要设计的内容，根据设计要求简单明了地画出设计想法和设计构思。草图绘制尽量精细，一方面能够更好地和作者与编辑沟通，做到一目了然，充分地展示创意；另一方面使构思更加系统化和条理化，有利于后续工作的开展。

编排、开本、印刷等具体内容，这些都是书籍设计成败的关键步骤。

图6-3-6　电脑制作-1

图6-3-7　电脑制作-2

图6-3-4　草图方案-1

图6-3-8　电脑制作护封

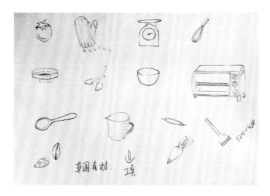

图6-3-5　草图方案-2

⑤电脑制作

这一阶段任务比较繁重，要求比较精细，是书籍最终出样前方案的阶段。根据对草图的绘制，通过电脑软件将创意思路、草图绘制用视觉化的语言表现出来。需要处理好文字、色彩、图形、

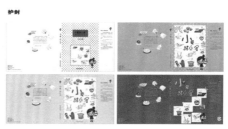

图6-3-9　电脑制作版式-1

电脑制作——书籍版式绘制方案2

扉页

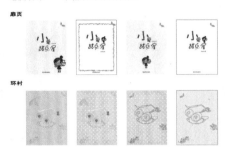

环衬

图6-3-10　电脑制作版式-2

电脑制作——书籍版式绘制方案3

目录

序

图6-3-11　电脑制作版式-3

电脑制作——书籍版式绘制方案4

工具

篇章

图6-3-12　电脑制作版式-4

电脑制作——书籍版式绘制方案5

内页

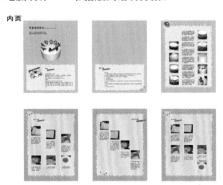

图6-3-13　电脑制作版式-5

⑥ 修改校正

初稿基本完成，检查书稿里的文字信息是否有标点、语法、错别字、格式等错误，并调整好文字与图片的呼应位置。完成后交给作者或编辑审阅，这是一个十分重要的创作步骤。作品必然要经过著作者、编辑者、出版发行者第一时间的"骨头里挑刺"，改进并完善最后的设计。他们提出修改意见、整改措施，设计师再次进行修改校正，以免大量印刷后出现不可挽回的损失。

修改校正1

尺寸：护封：430×190mm　封面：298×190mm　内页：143×186mm　出血：2mm

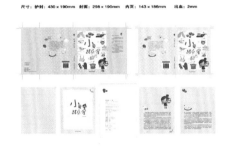

图6-3-14　修改校稿-1

修改校正2

图6-3-17　书籍成品-2

图6-3-15　修改校稿-2

⑦ 印刷完稿

在正式印刷之前要进行试印，检查页面是不是有错误，颜色是否有误差，色彩搭配效果好不好，图像质量是否符合要求，有无偏色等。印前打样完成后首先要认真校对，同时将打样稿交给作者或编辑做印前的最后一次审查校对。核对没有问题后开始大批量印刷。

⑧后期工艺

将批量印刷后的半成品通过修饰和装潢进行精加工，提高档次，完成最后步骤。

图6-3-18　书籍成品-3

图6-3-16　书籍成品-1

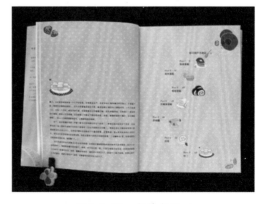

图6-3-19　书籍成品-4

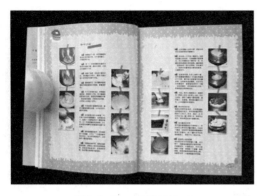

图6-3-20 书籍成品-5

图6-3-21 书籍成品-6

作品点评

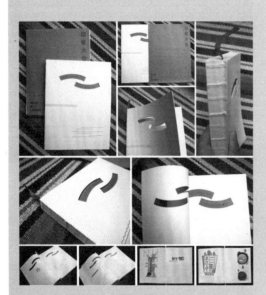

图6-3-22 《印象太仓·城市与文化平面设计展》

图6-3-23 《Good ideas glow in the dark》

《印象太仓·城市与文化平面设计展》该书为"印象太仓"获奖作品集，书籍采用牛皮纸做封套，订口设计为裸装的锁线订方式，纸张温润素雅，开本大气厚重，兼顾实用和审美。抽象的镂空形态似窗似桥，与淡蓝线条构成的组合恰到好处地凸显太仓这座城市的气质和底蕴，整体印象跃然纸上，主题明确。

《Good ideas glow in the dark》该书表面看平淡无奇，实际暗藏玄机：利用特殊材料使其即使在暗处也能发光，新颖有个性；便于搜寻的同时更是与书名呼应，做到形式与内容的和谐统一，让人印象深刻，的确是个好想法。

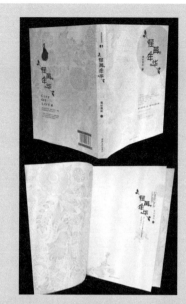

图6-3-24 《荏苒年华》-1 郭李沛

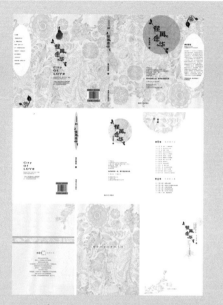

图6-3-25 《荏苒年华》-2 郭李沛

　　《荏苒年华》青衫落拓著，是追梦女孩喜欢看的一部言情小说。开本为16开，是对市场上现有书籍的再设计。

　　《荏苒年华》的整套设计清新典雅，整个护封采用暖色调，以花卉矢量图做底纹，铺满整个护封。书籍名的文字选用综艺体为基础字体，黑红相间的花与之同构，与底纹的"花"元素相呼应。同色系的圆形衬底使书籍名的设计更加突出。书脊、封底、勒口部分的图形与文字和谐统一，视觉流程的设计比较清晰。封面的设计在整体色调上与护封一致，封面选用白色做底，与护封的花底纹形成对比，使封面设计更具有节奏感。

　　书籍内部的构成元素如环衬、扉页、目录页、篇章页、内页等的设计，图形、文字、色彩、版式的编排上都与护封、封面的设计相呼应，选取元素统一，加强了视觉冲击力。

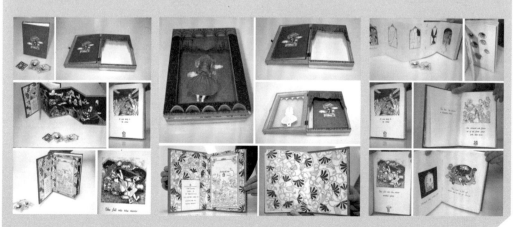

图6-3-26 《迷失之旅》 王瑞佳

《迷失之旅》这本书是以蒂姆伯顿的电影《魔法奇幻秀》为灵感完成的一本纯手工书籍。设计者延续电影中的镜子为线索,让主人公小女孩不断地从镜子中进入各个世界,同时利用眼睛元素与受众产生共鸣。

《迷失之旅》追求神秘的古朴质感,选取了日本大地纸这种粗糙质感的纸质作为载体,16开的开本方便阅读,精巧质朴。书籍为锁线精装,在书封的装饰上采用传统的英伦复古的暗绿色,用金色丙烯写书名,模仿烫金效果,函套搭建了一个舞台的效果,而书中的小女孩仿佛在看戏剧一样看着自己关于迷失的旅行。引人入胜,吸引读者的阅读欲望。

在书的内页上基本上采用大地纸和羊绒纸的简单粘贴。根据每个页码所在章节的故事设计页码小图标,精致有趣味。大量利用古典版式的同时穿插折页,使得书籍不至于过于平铺直叙,增加了书籍层次感和新颖性。插画形式上采用版画效果,具有视觉冲击力及质朴的触感,让这本书充满低调的神秘感及价值。

课后训练

① 收集二则优秀书籍设计案例,并文字分析其特点及独特之处。

② 文学类书籍设计一本。自选文学类书籍,对其进行改良书籍设计,主要包括书籍结构、书籍材料、书籍插图、书籍版式等全面更新设计,注意书籍的整体性把握。

③ 设计儿童创意书籍一本。开本、材料、形式自定。自编儿童故事　则,不少于200字,并对其进行插图创意设计20幅。

拓展阅读

① 学习网站:

http://www.dximagazine.com/

http://www.2plus3d.pl/

http://www.grafika.com/

http://www.designmag.gr/

② 阅读书籍:

《设计元素·平面设计样式》,(美)萨马拉著,齐际,何清新译,广西美术出版社

《设计的开始》,王澍著,中国建筑工业出版社

《版式设计原理》,(日)佐佐木刚士著,武湛译,中国青年出版社

《设计结合自然》,(美)麦克哈格著,黄经纬译,天津大学出版社

第7章
书籍设计之案例

▪ 学习目标

通过大量优秀书籍设计师作品的欣赏，提高对书籍设计的欣赏能力；同时肯定学生作品的优点，找出缺点进行分析，训练和促进书籍设计水平的不断进步。

▪ 重难点

通过案例的赏析拓宽书籍设计的眼界，分析书籍设计的前沿和市场，体会书籍设计实践过程。在众多的国内外优秀书籍设计案例中总结设计经验，进而创新设计。

▪ 训练要求

因篇幅有限，本章所提供的作品赏析仅仅是大量中外优秀设计作品中的一部分。学生在学习的过程中，应大量地查阅并收集相关资料，为以后优秀的书籍设计积累经验。

7.1 儿童书籍设计作品

图7-1-1 儿童书籍的设计需要活泼有趣味性

图7-1-4 《BOB THE BUILDER》异形开本的设计更加直观

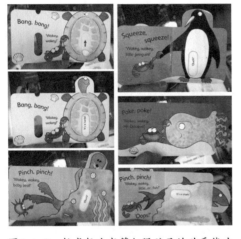

图7-1-2 抽式趣味书籍加强孩子的动手能力

图7-1-5 《ENJOY ANIMALS》简洁的造型与材料的运用相结合

图7-1-3 袖珍开本便于携带，独特的插画形式吸引孩子的注意力

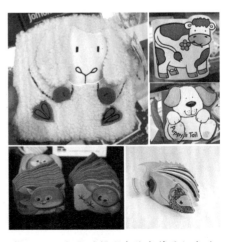

图7-1-6 拟仿动物形态使书籍更加生动

图7-1-9 立体式书籍,直观有创意,增强孩子的想象力和艺术感受

7.2 创意书籍设计作品

图7-1-7 织物材料的运用有趣且柔软,有效保护孩子避免受伤

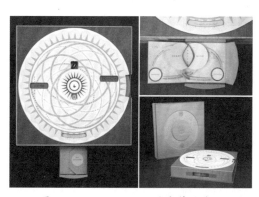

图7-2-1 Julie Chen立体书籍设计-1

图7-1-8 《ZOO IN MY HAND》动物剪影书,手脑并用,空白既不影响阅读又充满创意

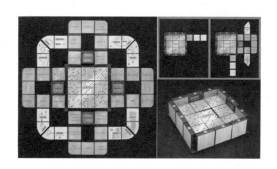

图7-2-2 Julie Chen立体书籍设计-2

图7-2-3　Julie Chen立体书籍设计-3

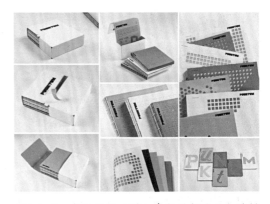

图7-2-5　书函的撕口增加参与的趣味性，系列书册的书封统一，与书名呼应

图7-2-4　西班牙书籍设计 裸装的书芯与硬质书封结合，节奏轻快，整体性强

图7-2-7　将包装处理手法运用到书籍中，有新意

图7-2-6　开本的选择与版式的处理相得益彰，凸显独特气质

图7-2-8 希腊海报设计图书 利用褶皱的牛皮纸捆扎，凸显艺术气质

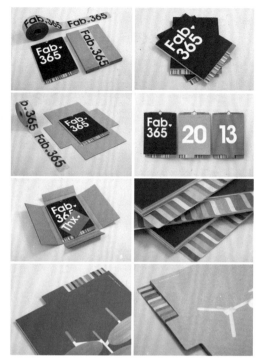

图7-2-10 Studio Lin 书籍设计 特殊材料的运用、切口的安排、装订形式的处理充满惊喜

图7-2-9 插画的恰当处理使得护封更显生动

图7-2-11 《夹缬》色彩、纸材的选择使书籍具有浓郁的民俗文化气息，吸引读者阅读

图7-2-12 《字里乾坤》古籍线装的汉字诗画集，整体性强

7.3 书籍插画设计作品

图7-3-1 日本著名插画设计师junaida插画系列，色彩清新淡雅有亲和力

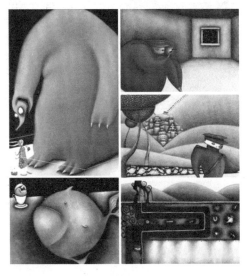

图7-3-2 国外另类插画厚重的色彩、独特的造型另类夸张

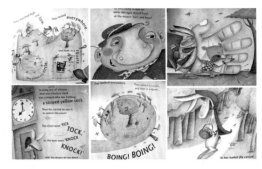

图7-3-3 Patrick Hruby插画，色彩饱满，具有强烈的个人风格

图7-3-4 肌理效果的运用使得画面更加独特

图7-3-5 立体剪纸完成，生动特别，彰显创意

图7-3-6　电脑技术的运用适应现代需要和审美

图7-3-7　《同学录》-1 范雨薇

图7-3-8　《同学录》-2

图7-3-9 《同学录》-3

图7-3-10 《餐饮文化》-1 范雨薇

图7-3-11 《餐饮文化》-2

图7-3-12 《餐饮文化》-3

7.4 国内外设计师作品

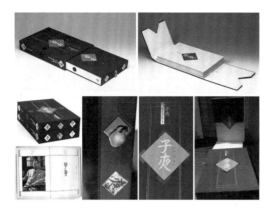

图7-4-4 《西域考古图记》吕敬人

图7-4-1 《子夜》吕敬人

图7-4-2 《中国现代陶瓷艺术》吕敬人

图7-4-5 《书戏》吕敬人

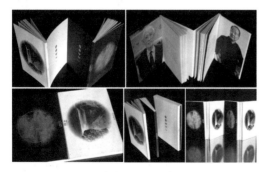

图7-4-6 《朱熹榜书千字文》吕敬人

图7-4-3 《对影丛书》吕敬人

图7-4-7 《怀珠雅集》吕敬人

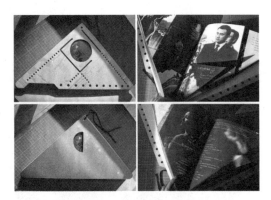

图7-4-9 《画魂》吴勇

图7-4-8 《黄河十四走》黄永松

图7-4-11 《艺术设计》刘小康

图7-4-10 《裘沙新诠详注文化编至论》韩济平

图7-4-12 《纸白》廖洁莲

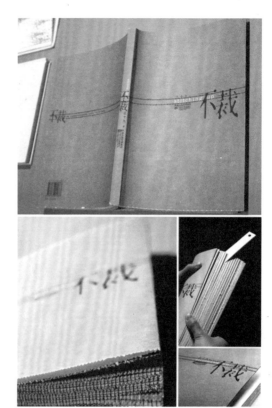

图7-4-13 《不裁》朱赢椿

图7-4-14 《乃正书昌耀诗》宋协伟

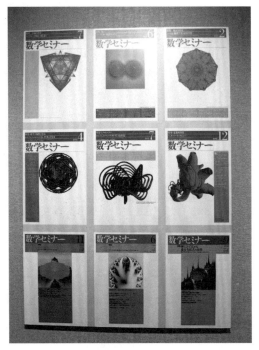

图7-4-15 《数学研究班》杉浦康平（日本）

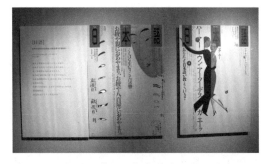

图7-4-18 《日语》杉浦康平（日本）

图7-4-19 《文》杉浦康平（日本）

图7-4-16 《昆虫馆》杉浦康平（日本）

图7-4-17 《高中广场》杉浦康平（日本）

图7-4-20 《造型的诞生》杉浦康平（日本）

图7-4-21　《季刊银花》杉浦康平（日本）

图7-4-22　《DOLMEN》杉浦康平（日本）

图7-4-23　《日本的美学》杉浦康平（日本）

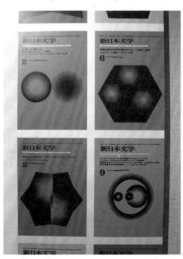

图7-4-24　《新日本文学》杉浦康平（日本）

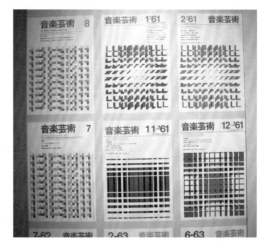

图7-4-25　《音乐艺术》杉浦康平（日本）

图7-4-26　《真知》杉浦康平（日本）

7.5　学生书籍设计作品

图7-5-1　《超龄儿童》范雨薇

图7-5-2 《凹凸心情》李论

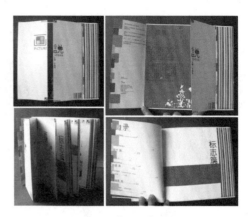

图7-5-5 《画说》于艳林

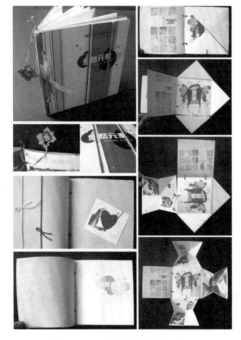

图7-5-3 《自然元素》张璇

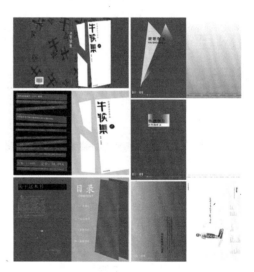

图7-5-6 《付涛涛设计作品集之牛犊记》付涛涛

图7-5-4 《拾剪》刘甜华

图7-5-7　《成都印象》-1 邓凯

图7-5-9　《故往》-1 罗东昭

图7-5-10　《故往》-2

图7-5-8　《成都印象》-2

图7-5-11　《优乐》-1郑文君

图7-5-12 《优乐》-2

图7-5-13 《武汉印象》-1 陈燃

图7-5-14 《武汉印象》-2

图7-5-15 《诗与余》CI手册-1 王洵

图7-5-16 《诗与余》CI手册-2

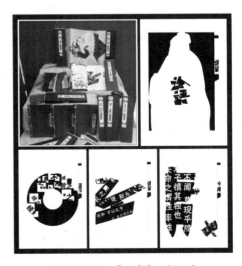

图7-5-17 《四书》刘朋利

图7-5-18 《惬意生活——DIY手工家居系列》/《惬意生活——DIY家常美食系列》贺瑞敏

图7-5-19 《有竹斋》陈超

课后训练

① 举例分析国内外书籍设计有何异同?

② 今后中国的书籍设计趋势怎样? 应该如何创新? 结合自己的书籍设计作品谈。

拓展阅读

① 学习网站:

http://www.swide.com/

http://www.ruby-mag.com.ar/site/index.html

http://www.vmagazine.com/

http://rojoprojects.co/#magazine-books

http://www.choisgallery.com/

http://www.lodownmagazine.com/

http://www.package-design.net/

② 阅读书籍:

《杂志设计的秘密》,（日）藤本泰著,艺术与设计杂志社编译,四川美术出版社

《完成设计——从理论到实践》,（美）萨马拉著,温迪、王启亮译,广西美术出版社

《诺曼的设计心理学》,（美）唐纳德·A·诺曼（Donald Arthur Norman）著,中信出版社

《日本の手感设计》,李佩玲,黄亚纪著,上海人民美术出版社

参考文献

［1］（波）别内尔特，关木子编.书籍设计［M］贺丽译.沈阳：辽宁科学技术出版社，2012

［2］毛德宝 主编，王蔚，陈晨 编著.书籍设计［M］.南京：东南大学出版社，2011

［3］吕敬人著.书艺问道［M］.北京：中国青年出版社，2009

［4］吕敬人等编著.在书籍设计时空中畅游［M］.南昌：百花洲文艺出版社，2006

［5］肖勇编著.印刷媒介与书籍设计：广州美术学院艺术设计教程［M］.长沙：湖南美术出版社，2009

［6］邓中和著.书籍装帧：创意设计［M］.北京：中国青年出版社，2004

［7］（英）里弗斯著，优设计：书籍创意装帧设计［M］.苑蓉译.北京：电子工业出版社，2011

［8］郑军著.书籍形态设计与印刷应用［M］.上海：上海书店出版社，2008

［9］王绍强编著.版式设计+［M］.北京：中国青年出版社，2013

［10］王绍强编著.书形［M］.江洁译.北京：中国青年出版社，2012

［11］善本出版有限公司编著.书艺［M］.李萍译.北京：北京美术摄影出版社，2012